CARLOS JAVIER ALONSO

El futuro de la especie humana

Del transhumanismo al poshumanismo, un viaje desconocido a través de la biotecnología y la inteligencia artificial

SEKOTIA

SEKOTIA

www.sekotia.com
@sekotia

Primera edición: marzo de 2026

Sekotia • Colección Reflejos de Actualidad
Editor: Humberto Pérez Tomé Román

info@almuzaralibros.com
Parque Logístico de Córdoba. Ctra. Palma del Río, km 4
C/8, Nave L2, nº 3. 14005 - Córdoba

Imprime: Gráficas La Paz
ISBN: 979-13-87812-56-0
Depósito legal: CO-105-2026
Hecho e impreso en España - *Made and printed in Spain*

ÍNDICE

Introducción

Vivimos en una era de transformación sin precedentes, donde las fronteras entre disciplinas científicas se difuminan y donde surgen nuevas sinergias capaces de redefinir los límites de lo posible. La info y la biotecnología se hallan en el epicentro de esta revolución silenciosa pero profunda: un punto de convergencia entre la biología sintética, la ingeniería genética, la nanomedicina, la inteligencia artificial, la cibernética, la robótica, etc., que nos permiten intervenir en los mecanismos más íntimos de la vida y de la conciencia.

Desde sus orígenes más remotos —cuando los primeros agricultores seleccionaban semillas o los panaderos fermentaban masa con levaduras invisibles— hasta las actuales técnicas de edición genética y diseño de organismos —biología sintética—, la biotecnología ha recorrido un camino vertiginoso. Hoy, ya no se trata solo de aprovechar procesos biológicos, sino también de programarlos deliberadamente. Hemos pasado de observar la naturaleza a modelarla, de ser espectadores a convertirnos en diseñadores de lo vivo.

Esta transformación, como es obvio, tiene implicaciones inmensas: promete curar enfermedades incurables, producir alimentos sostenibles, limpiar ecosistemas contaminados y reducir nuestra dependencia de los combustibles fósiles. Pero también nos confronta con dilemas éticos de una magnitud inédita. La biotecnología del siglo XXI no solo plantea preguntas científicas, sino además filosóficas: ¿qué significa «mejorar la vida humana»? ¿Hasta dónde debe llegar nuestra intervención sobre la naturaleza y sobre nosotros mismos?

La presente publicación aborda estas cuestiones recorriendo las principales áreas de desarrollo biotecnológico contemporáneo. Analizaremos cómo la ingeniería genética está revolucionando la medicina, cómo la biotecnología transforma la economía y el medio ambiente, y cómo la biología sintética inaugura una nueva era donde la vida puede ser diseñada desde sus fundamentos. El propósito no es solo describir avances técnicos, sino también entender su trascendencia científica, ética y social.

Pocas innovaciones han suscitado tanto entusiasmo —y también tanto debate— como la edición genética. La posibilidad de corregir errores en el ADN humano representa un salto conceptual comparable al descubrimiento del propio código genético. En el corazón de esta revolución se encuentra *CRISPR-Cas9*, un sistema derivado de un mecanismo de defensa bacteriano que actúa como unas tijeras moleculares capaces de cortar el ADN en lugares precisos.

La técnica es elegantemente simple: una molécula de ARN guía (sgRNA) lleva a la enzima Cas9 al sitio exacto del genoma donde se desea realizar el corte. Una vez allí, Cas9 corta ambas hebras del ADN, y los mecanismos naturales de reparación de la célula se encargan del resto. Si se proporciona una plantilla de ADN «correcto», la célula puede usarla para reparar la secuencia defectuosa, sustituyendo la versión dañada.

Esta precisión ha abierto una puerta que hasta hace poco parecía de ciencia ficción: la posibilidad de curar enfermedades hereditarias desde su raíz. Enfermedades como la anemia falciforme, la fibrosis quística o la distrofia muscular ya no son, al menos teóricamente, un destino irreversible. En 2020, los primeros pacientes tratados con terapias basadas en CRISPR demostraron mejoras clínicas sostenidas, alcanzando un hito histórico.

Pero las posibilidades van más allá de la corrección de mutaciones nocivas. La edición genética permite también rediseñar el sistema inmunitario, potenciando sus defensas frente al cáncer. En ensayos clínicos, los linfocitos T modificados genéticamente con CRISPR han mostrado una capacidad notable para reconocer y destruir células tumorales. El futuro de la medicina podría orientarse hacia tratamientos personalizados, diseñados sobre el propio genoma del paciente.

Sin embargo, cada paso adelante en el dominio del genoma abre también un debate ético: ¿deberíamos modificar la línea germinal —óvulos, espermatozoides o embriones— cuyas alteraciones se heredarían por generaciones? La ciencia ha demostrado que puede hacerlo; la sociedad aún no ha decidido si éticamente debe hacerlo.

Durante siglos, la medicina se ha basado en promedios: el mismo fármaco, la misma dosis, la misma estrategia terapéutica para todos los pacientes. Pero la biología humana no es uniforme; nuestras diferencias genéticas influyen en cómo respondemos a los medicamentos o cómo desarrollamos enfermedades. De esa constatación nace la «medicina de precisión»: un enfoque que adapta los tratamientos a la singularidad biológica de cada individuo.

Gracias a las tecnologías de secuenciación de nueva generación (NGS), hoy es posible analizar el genoma de un paciente y detectar variantes genéticas que alteran la forma en que su organismo metaboliza los fármacos. Este campo, conocido como «farmacogenómica», permite identificar si una persona metaboliza una sustancia de forma lenta o rápida, ajustando las dosis con precisión y evitando efectos secundarios.

En la oncología de vanguardia, los tumores se estudian como entidades genéticas únicas. Ya no se habla solo de «cáncer de pulmón» o «de mama», sino de cánceres con mutaciones específicas —por ejemplo, en los genes EGFR o HER2—, lo que permite elegir terapias dirigidas que bloquean esas alteraciones concretas. El resultado es un cambio de paradigma: de una medicina reactiva y generalista a una medicina predictiva, personalizada y preventiva. El impacto humano de esta transición es profundo. La medicina de precisión convierte al paciente en el centro del proceso, no como receptor pasivo de tratamientos estándar, sino como sujeto biológicamente singular. En un futuro no lejano, cada individuo podría llevar consigo una tarjeta genómica que guíe todas sus decisiones médicas.

La ingeniería biológica aplicada a la medicina alcanza su máxima expresión en las terapias celulares y regenerativas. En las primeras, las células del propio paciente se convierten en instrumentos terapéuticos. En las segundas, la biotecnología busca restaurar o reconstruir los tejidos y órganos dañados. Las terapias con células CAR-T son un ejemplo paradigmático de lo primero. Consisten en extraer linfocitos T del paciente y modificarlos genéticamente para que expresen un receptor quimérico (CAR) capaz de reconocer una proteína presente en las células tumorales. Una vez reinsertados, estos linfocitos rediseñados atacan el cáncer con una precisión casi quirúrgica. En algunos casos de leucemia y linfoma refractarios, las tasas de remisión superan el 80 %, algo impensable hace solo una década.

La medicina regenerativa, por su parte, explora el potencial de las células madre para reparar tejidos. Desde los trasplantes de médula ósea hasta la bioimpresión 3D de tejidos, el objetivo es ambicioso: regenerar en lugar de sustituir. En laboratorios de todo el mundo se están imprimiendo pieles, cartílagos y vasos sanguíneos utilizando «biotintas» compuestas por células vivas. Aunque la creación de órganos completos para trasplante aún pertenece al porvenir, los avances sugieren que ese futuro podría estar solo a una generación de distancia.

Si la edición genética permite corregir, la biología sintética permite crear. Se trata de una disciplina que aplica principios de ingeniería al diseño de organismos vivos, construyendo sistemas biológicos que no existen en la naturaleza. En su núcleo, la biología sintética considera los genes y las secuencias de ADN como piezas modulares —*BioBricks*— que pueden combinarse para crear circuitos genéticos con funciones específicas. Así, una bacteria puede ser programada para detectar contaminantes en el agua y emitir una señal luminosa cuando los encuentra, o para producir medicamentos directamente en el intestino del paciente.

Las aplicaciones son tan diversas como fascinantes. En medicina, levaduras modificadas producen artemisinina, un fármaco antipalúdico esencial, de forma más económica que su obtención natural. En la industria textil, algunas empresas desarrollan bacterias que producen seda de araña, un material ultrarresistente imposible de obtener por métodos convencionales. En el ámbito ambiental, se investiga el diseño de organismos que capturen carbono atmosférico con mayor eficiencia que las plantas.

Pero quizás la mayor trascendencia de la biología sintética sea filosófica: al programar la vida, el ser humano asume un papel demiúrgico, borrando la frontera entre lo natural y lo artificial. ¿Sigue siendo «vida» algo creado en un laboratorio a partir de ADN sintético? ¿O estamos ante una nueva forma de existencia, diseñada con fines específicos? Estas preguntas, más que técnicas, son existenciales.

Simultáneamente, en el ámbito de las infotecnologías, durante los dos últimos años, la humanidad ha sido testigo de un salto tecnológico que muchos comparan con la invención del ordenador personal o de Internet. Tres áreas que antes avanzaban por caminos paralelos —la inteligencia artificial (IA), la robótica y la cibernética— están comenzando a converger de forma sorprendente, impulsándose mutuamente y dando lugar a aplicaciones que hace poco pertenecían al terreno de la ciencia ficción.

Recientemente hemos visto cómo los modelos de IA se han vuelto capaces de «comprender el mundo con múltiples sentidos», cómo los robots han aprendido a moverse y manipular objetos con destreza casi humana, y cómo la cibernética está permitiendo recuperar funciones perdidas del cuerpo humano mediante interfaces cerebro-máquina.

En 2010, vimos cómo la inteligencia artificial se transformó gracias a las redes neuronales profundas. A partir de 2020, esas redes crecieron hasta convertirse en los llamados «modelos de lenguaje», capaces de conversar, traducir o escribir. Pero lo que está ocurriendo desde 2023 y 2024 es un paso más allá: estos sistemas ya no se limitan al texto, sino que son multimodales, es decir, pueden interpretar y razonar con texto, imágenes, sonidos, vídeo e incluso señales tridimensionales.

Al mismo tiempo, los robots están dejando de ser máquinas torpes que repetían tareas programadas para convertirse en aprendices que observan, imitan y mejoran mediante la práctica, gracias precisamente a la IA. Y, por otro lado, los investigadores en cibernética están logrando conectar el cerebro humano con ordenadores y prótesis de manera cada vez más natural.

La clave de este momento histórico es que los avances de un área impulsan las demás: las redes neuronales capaces de ver y escuchar ayudan a los robots a moverse mejor, y las interfaces cerebrales se benefician de los modelos de lenguaje que convierten señales eléctricas en palabras o «pensamientos» reconocibles.

Hasta hace poco, los modelos de IA más famosos, como ChatGPT o Claude, trabajaban casi exclusivamente con texto. Pero los nuevos modelos —como los presentados en 2024 por *Meta, Google* u *OpenAI*— pueden procesar simultáneamente imágenes, vídeos, sonidos y palabras, comprendiendo la relación entre ellos. Por ejemplo, pueden analizar un vídeo de una clase universitaria y ofrecer un resumen que combine las diapositivas, la voz del profesor y el texto de la pizarra. O pueden examinar una radiografía y un informe médico para sugerir posibles diagnósticos, explicando su razonamiento paso a paso.

Estos modelos no solo son más potentes, sino que también están empezando a ser abiertos. Es decir, algunas empresas han publicado sus pesos y su código, permitiendo que investigadores y desarrolladores independientes los adapten a tareas específicas. Esto ha democratizado la innovación: hoy un pequeño laboratorio o una universidad puede crear su propio modelo especializado en agricultura, literatura o medicina sin partir desde cero. Y más allá de responder preguntas, estos sistemas se están transformando en agentes inteligentes, capaces de ejecutar acciones por sí mismos: navegar por internet, utilizar herramientas digitales o escribir y verificar código. Es decir, ya no solo «piensan»: también actúan.

Por su parte, los robots fueron durante décadas máquinas fuertes, pero poco hábiles. Podían soldar, levantar o empacar, pero solo en entornos perfectamente controlados. En cambio, las tareas que requerían sensibilidad o adaptación —como cocinar, doblar ropa o recoger fruta— eran casi imposibles.

Eso está cambiando rápidamente. Gracias al aprendizaje profundo y a la simulación avanzada, los robots actuales están adquiriendo una coordinación y una delicadeza notables. En los laboratorios de 2024 y 2025, se han visto brazos robóticos que operan a distancia a un paciente, giran llaves, manipulan herramientas o ensamblan piezas diminutas con una precisión que antes solo tenían las manos humanas.

¿Cómo lo logran? A través de un proceso llamado «sim-to-real»: primero aprenden miles de tareas en entornos virtuales —simuladores que imitan la física del mundo real—, y luego transfieren ese conocimiento a los robots físicos. Además, se utilizan bases de datos de teleoperación —registros de movimientos humanos reales— para enseñar a las máquinas estrategias naturales de agarre y coordinación.

También están surgiendo robots humanoides y cuadrúpedos capaces de caminar, transportar objetos o inspeccionar instalaciones durante horas, sin supervisión constante. No son todavía los androides de la ciencia ficción, pero ya empiezan a desempeñar trabajos útiles en fábricas, almacenes y entornos peligrosos. Quizá los avances más emocionantes vienen del terreno de la cibernética, especialmente en las interfaces que conectan el cerebro humano con las máquinas. En 2024, se publicaron estudios clínicos impresionantes: pacientes que habían perdido la capacidad de hablar por parálisis pudieron comunicarse de nuevo mediante implantes cerebrales que decodifican su actividad neuronal y la traducen en voz sintética, en tiempo casi real. En algunos casos, los sistemas incluso recrearon la voz original del paciente, utilizando grabaciones antiguas para personalizar el timbre y la entonación. Estos logros son posibles porque las señales cerebrales se procesan con modelos de inteligencia artificial similares a los de lenguaje. En otras palabras, la IA aprende a «leer» la intención de hablar y convertirla en palabras comprensibles.

Por otro lado, están apareciendo prótesis cada vez más avanzadas, que no solo obedecen al cerebro, sino que también devuelven sensaciones. Mediante sensores táctiles y pequeños impulsos eléctricos, el usuario puede sentir la presión o la textura de lo que toca la prótesis, lo que mejora su control y la sensación de «propiedad» sobre el brazo o la mano artificial.

Además, el desarrollo de chips neuromórficos —procesadores informáticos diseñados para imitar el funcionamiento del cerebro humano— está permitiendo reducir el consumo de energía y acercar estas tecnologías al uso cotidiano. Un chip neuromórfico puede aprender y adaptarse localmente, sin necesidad de conectarse a un gran servidor, lo que lo hace ideal para prótesis, implantes o pequeños robots autónomos.

Algunos ejemplos recientes permiten ver cómo estos avances ya están transformando la vida real:

Comunicación recuperada: personas con esclerosis lateral amiotrófica o tras un ictus han podido volver a «hablar» gracias a las interfaces cerebro-voz. En un caso, una mujer paralizada desde hacía veinte años logró mantener conversaciones fluidas mediante un avatar digital que reproducía sus expresiones faciales y su voz.

Inspección autónoma: robots cuadrúpedos recorren centrales eléctricas o plantas industriales, detectando fugas o averías con cámaras y sensores térmicos. Su autonomía reduce riesgos laborales y permite un mantenimiento continuo.

Diseño asistido: ingenieros y diseñadores pueden dibujar un boceto a mano, describir su idea en texto, y un modelo multimodal genera un prototipo 3D listo para imprimir o simular.

Agricultura de precisión: brazos robóticos equipados con visión artificial y sensores táctiles identifican frutos maduros y los recogen sin dañarlos, aumentando la eficiencia y reduciendo el desperdicio.

Estos ejemplos ilustran una tendencia clara: las tecnologías de IA, robótica y cibernética no están surgiendo por separado, sino integrándose para resolver problemas complejos y, en muchos casos, profundamente humanos.

Como ocurre con toda gran revolución tecnológica, los avances traen consigo desafíos éticos, sociales y de seguridad. Los modelos multimodales pueden ser vulnerables a errores o manipulaciones: una imagen o un sonido alterado podría inducirles a conclusiones equivocadas. Las interfaces cerebrales abren preguntas delicadas sobre la privacidad mental: ¿quién controla los datos del cerebro?, ¿cómo se garantiza que no se usen con fines distintos a los consentidos?

También existen preocupaciones económicas. Si los robots asumen tareas industriales y logísticas cada vez más variadas, es necesario pensar en cómo proteger a los trabajadores desplazados y ofrecerles oportunidades de reconversión. Por último, no hay que olvidar el aspecto energético: entrenar grandes modelos de IA requiere enormes recursos de cómputo, es decir, componentes físicos y lógicos —hardware y software— necesarios para el funcionamiento de un sistema informático. Por eso, tecnologías más eficientes, como los chips neuromórficos o la computación óptica, se perfilan como claves para un desarrollo sostenible.

En los próximos cinco o diez años, es probable que veamos cómo estas innovaciones salen del laboratorio para integrarse en la vida cotidiana. Las prótesis sensoriales podrían llegar a ser asequibles; los robots domésticos, verdaderamente útiles; y los asistentes de IA, aliados imprescindibles en la educación, la medicina o la investigación científica. El escenario optimista es uno en el que la tecnología amplía las capacidades humanas sin sustituirlas: donde la IA ayuda a pensar, la robótica a actuar, y la cibernética a sanar. Pero para que ese futuro sea beneficioso, será necesario un marco ético y legal claro, que proteja la dignidad y la autonomía de las personas.

Estamos viviendo una etapa fascinante de la historia tecnológica. La inteligencia artificial ya no es solo un programa que responde preguntas; se ha convertido en un sistema que percibe, razona y colabora. La robótica ya no es una cuestión de brazos mecánicos, sino de máquinas que aprenden a interactuar con el mundo real. Y la cibernética ya no es una utopía futurista, sino una herramienta concreta para restaurar la comunicación, el movimiento y la sensación.

La verdadera sorpresa no está en cada campo por separado, sino en su unión. Cuando una IA multimodal se integra en una prótesis o en un robot asistencial; cuando un chip neuromórfico permite aprendizaje local en un dispositivo médico; cuando una interfaz cerebral devuelve la voz a quien la había perdido, comprendemos que la frontera entre lo biológico y lo tecnológico empieza a difuminarse. Más que máquinas inteligentes, lo que estamos construyendo son extensiones de nuestra propia inteligencia y sensibilidad. El desafío ahora no es tanto lo que estas tecnologías pueden hacer, sino lo que nosotros decidimos hacer con ellas.

Las bio e infotecnologías del siglo XXI —*antropotecnias,* en el léxico del filósofo alemán Peter Sloterdijk— representan una revolución comparable, en su magnitud, a la Revolución industrial o a la digital. Pero su alcance es más íntimo, porque su objeto no es la materia ni la información, sino la vida misma. Las promesas son extraordinarias: la erradicación de enfermedades hereditarias, la regeneración de órganos, la producción sostenible de alimentos, la descontaminación del planeta y la transición hacia una economía basada en procesos biológicos y renovables. En cada uno de estos campos, la ciencia ya no especula: experimenta, demuestra, transforma.

Sin embargo, la tecnología no es neutra. Cada avance técnico lleva implícitas decisiones morales y políticas. ¿Quién tendrá acceso a las terapias genéticas? ¿Qué impacto social tendrá la automatización biológica de la agricultura o la industria? ¿Cómo evitaremos que la edición del genoma humano se convierta en una nueva forma de desigualdad?

El futuro que se abre ante nosotros no es unívoco, sino ambivalente: promesa y precaución, poder y responsabilidad. La tarea de nuestro tiempo consiste en acompañar el avance científico con una reflexión ética y social a su altura. El siglo XXI será biotecnológico, pero su legado dependerá de algo más que de la ciencia: dependerá de nuestra capacidad para integrar el conocimiento con la conciencia. En ese equilibrio —entre la razón y la prudencia, entre la innovación y la ética— se juega el verdadero destino de la nueva era de la vida. La biotecnología nos ha entregado las llaves para remodelar la vida; corresponde a la sociedad en su conjunto decidir qué puertas deseamos abrir y cómo queremos transitar los umbrales de este nuevo paradigma.

1.
QUÉ SIGNIFICA SER HUMANO

1.1. LA REFLEXIÓN SOBRE EL SER HUMANO EN LA ANTIGÜEDAD GRECOLATINA

La palabra persona proviene del latín *personare* («hacer sonar la voz») y del griego *prósopon*, término con el que se nombraba la máscara que llevaban los actores en la tragedia griega. Aquellas máscaras ayudaban a identificar al personaje y además amplificaban la voz del actor. De ahí que «persona» significara en origen «personaje» y no «individuo humano», que es el sentido actual recogido por la Real Academia.

En el Derecho romano, sin embargo, persona adquirió un significado distinto: designaba al «que habla por sí mismo», es decir, al sujeto portador de derechos. Solo los hombres libres con posición social eran personas en sentido jurídico; no lo eran los esclavos, los extranjeros ni las mujeres. Así, la categoría de persona estaba ligada a la capacidad legal para poseer bienes, firmar contratos, acudir a los tribunales y responder ante la justicia.

El filósofo Ferrater Mora se preguntó si los griegos llegaron a tener una noción de persona similar a la cristiana. Aunque la respuesta habitual es negativa —pues no desarrollaron el concepto como entidad portadora de dignidad individual—, algunos autores, como Sócrates, intuyeron la singularidad del ser humano más allá de su función social o cósmica[1]. Platón y Aristóteles tampoco usaron la palabra «persona» como categoría filosófica, pero sí elaboraron teorías profundas sobre el ser humano.

Sócrates fue el primero en poner al ser humano en el centro de la reflexión filosófica. Su propósito era moral y político: ayudar a vivir bien, de forma justa, como buenos ciudadanos. Consideraba al hombre un proyecto abierto que debe conducir su propia vida, orientado por un punto de referencia firme.

Platón, siguiendo a Sócrates, defendió el papel fundamental de la razón y la virtud para alcanzar la felicidad. Su visión dualista del ser humano —alma inmortal y cuerpo material— marcó profundamente la tradición occidental.

Aristóteles integró elementos platónicos con su propia filosofía. Definió al ser humano como un compuesto de materia y forma (cuerpo y alma), un ser natural y social cuya perfección consiste en vivir virtuosamente. Su célebre definición del hombre como «animal racional y social, dotado de lenguaje» influyó durante siglos.

1.2. LA APORTACIÓN DEL PENSAMIENTO CRISTIANO

Con el cristianismo surgió una idea nueva de persona, asociada a la dignidad humana y la igualdad ante Dios.

Agustín de Hipona elaboró la primera gran síntesis entre filosofía griega y doctrina cristiana. Para él, el ser humano —cuerpo, alma y espíritu— solo se entiende plenamente en relación con Dios, origen y destino último.

Los debates teológicos sobre la naturaleza de Cristo y la Trinidad llevaron a una profunda clarificación del concepto de persona. Cristo fue definido como una única persona con dos naturalezas, y el término «persona» pasó a aplicarse también a Dios: Padre, Hijo y Espíritu Santo.

En este contexto, Agustín profundizó en la interioridad humana y contribuyó decisivamente al surgimiento del «yo» como tema filosófico.

Una definición clave fue la de Boecio, quien describió a la persona como «sustancia individual de naturaleza racional». Aunque utiliza categorías aristotélicas, su propuesta tuvo enorme influencia en la Edad Media.

Tomás de Aquino asumió esta definición y la desarrolló. Sostuvo que el ser humano es una unidad sustancial de cuerpo y alma espiritual. Cada persona posee dignidad por ser creada directamente por Dios y estar hecha «a su imagen y semejanza». La persona es, por tanto, un ser único, irrepetible y valioso en sí mismo.

En esta visión, el ser humano participa del mundo natural mediante su cuerpo, pero lo trasciende gracias a su alma espiritual e inmortal. La libertad, la capacidad de amar y la inteligencia son rasgos esenciales[2].

Con el Renacimiento, el interés se desplaza hacia el ser humano mismo, hacia su creatividad, su razón y su individualidad, dando inicio a una nueva etapa del pensamiento antropológico.

1.3. LA CONCEPCIÓN MODERNA DEL SER HUMANO

A) DESCARTES Y LEIBNIZ

En el siglo XVII, Descartes impulsó una profunda renovación. Quiso reconstruir el saber desde certezas absolutas. Para él, el ser humano está compuesto por dos sustancias distintas: la *res cogitans* (mente) y la *res extensa* (cuerpo). La mente es libre e inmortal. «Nosotros somos una cosa que duda, entiende, confirma, niega, afirma, quiere o no quiere, y también imagina y siente»[3], afirma Descartes; el cuerpo, en cambio, funciona como un mecanismo sometido a leyes físicas.

Este dualismo plantea un problema: ¿cómo interactúan mente y cuerpo? Descartes recurrió a la glándula pineal como punto de unión, pero la explicación resulta insatisfactoria.

Leibniz intentó resolver el problema con su teoría de las «mónadas», sustancias simples sin partes ni extensión. Son los verdaderos elementos de las cosas. Ninguna mónada puede ser alterada en su interior por ningún agente exterior; según Leibniz, «las mónadas no tienen ventanas»[4].

Para evitar la interacción entre mente y cuerpo, propuso la «armonía preestablecida»: ambos funcionan en paralelo gracias a un diseño divino. Sin embargo, esta solución planteó dificultades para explicar la libertad humana.

b) Hobbes y Hume

El empirismo defendió que todo conocimiento procede de los sentidos. Hobbes, influido por el mecanicismo, redujo la realidad a materia y movimiento. Así lo afirma en su obra *Leviatán*: «El Universo es corpóreo. Todo lo que es real es material y lo que no es material no es real»[5]. Para él, el ser humano no es libre, pues está sujeto a leyes naturales necesarias.

Hume llevó el empirismo a sus últimas consecuencias. Sostuvo que nuestras ideas proceden siempre de impresiones sensibles. Como no hay impresiones constantes que fundamenten la idea de sustancia o de un «yo» estable, concluye que el yo no es una entidad real, sino un conjunto de percepciones cambiantes. También niega que podamos probar la existencia de un mundo exterior, aunque admite que creemos en él por hábito[6].

c) Kant y la antropología moral

Kant intentó superar la oposición entre racionalismo y empirismo. Mostró que no podemos conocer científicamente el alma, el mundo o Dios; por eso, situó la reflexión sobre el hombre en el ámbito moral.

Para Kant, la persona es un ser dotado de dignidad porque es capaz de actuar según leyes morales que ella misma se da. De ahí su célebre formulación del imperativo categórico: «Actúa de modo que trates a la humanidad, tanto en ti como en los demás, siempre como un fin y nunca como un medio»[7].

«Todo tiene un precio o una dignidad. Aquello que tiene precio puede ser sustituido por algo equivalente; en cambio lo que se halla por encima de todo precio y, por tanto, no admite nada equivalente, eso tiene dignidad»[8]. La persona no tiene precio; en eso consiste su dignidad. La dignidad humana proviene, así, de la autonomía moral.

1.4. LA CONCEPCIÓN CONTEMPORÁNEA DEL SER HUMANO

Autores como Schelling, Feuerbach, Kierkegaard, Marx y Nietzsche ampliaron la reflexión antropológica. Las teorías de Darwin y el psicoanálisis de Freud también transformaron profundamente la comprensión del ser humano.

El gran impulso de la antropología filosófica contemporánea llegó con Max Scheler, quien sostuvo que el ser humano debe entenderse en su totalidad: cuerpo, vida, espíritu, historia y cultura[9]. Para él, la gran diferencia del ser humano respecto a los animales reside en la dimensión espiritual, que permite decir «no» a los impulsos y crear mundo.

Plessner y Gehlen desarrollaron después líneas más biológicas. Gehlen destacó que el ser humano es un ser «inacabado», poco especializado y necesitado de cultura para sobrevivir; en ello radica su capacidad de acción y transformación[10].

En paralelo, Heidegger centró la filosofía en el tipo de ser que es el ser humano, aunque advirtió que una antropología demasiado amplia pierde precisión[11].

El estructuralismo (Lévi-Strauss) llegó a cuestionar incluso la noción de sujeto, al enfatizar el papel de las estructuras simbólicas que condicionan la vida humana. Por ello, Lévi-Strauss proclamaba de forma provocadora que «el fin último de las ciencias humanas no es constituir al hombre, sino disolverlo»[12].

1.5. EL PERSONALISMO

En el siglo XX surgió el personalismo, una corriente que coloca a la persona en el centro de la reflexión filosófica. No es un sistema monolítico, sino un conjunto de enfoques que comparten la idea de que la persona es el valor superior.

Dentro de él encontramos diversas orientaciones:

- *Personalismo existencial* (Gabriel Marcel): la persona como ser llamado a la relación y a la trascendencia[13].
- *Personalismo fenomenológico* (Merleau-Ponty): la identidad se forma en el tiempo y en la experiencia corporal[14].
- *Personalismo cristiano* (Mounier, Wojtyla, Maritain): la persona como ser creado para amar y ser amado[15].
- *Personalismo dialógico* (Martin Buber): la persona se realiza en el encuentro con el «tú»[16].

El *personalismo ontológico*, inspirado en Tomás de Aquino, subraya la unidad del ser humano en sus dimensiones corporal, psíquica y espiritual. Pone especial énfasis en la dignidad intrínseca de cada persona y en la importancia radical de la relación con los otros.

Conclusión

La exhortación «Conócete a ti mismo» estaba grabada en el dintel del templo de Delfos como testimonio de una verdad fundamental: la necesidad de que todo hombre, si desea distinguirse en medio de la creación, asuma como norma mínima el conocimiento de sí mismo. Fue del oráculo de Delfos de donde Sócrates recogió aquel célebre precepto[17].

Este ideal filosófico del hombre griego continúa vigente en el ser humano contemporáneo, quizá con una urgencia aún mayor. Sin embargo, pese al esfuerzo constante por conocerse, el hombre sigue siendo en gran medida un misterio para sí mismo. Así se comprenden las palabras de Sófocles: «muchas son las cosas misteriosas, pero nada tan misterioso como el hombre»[18]. Y san Agustín mismo afirmaba: «Ni yo mismo comprendo todo lo que soy»[19]. Pascal, por su parte, reconocía: «Ciertamente nada nos choca más rudamente que esa doctrina; y, no obstante, sin este misterio, el más incomprensible de todos, somos incomprensibles a nosotros mismos»[20].

Estas afirmaciones no deben llevarnos al escepticismo, como si la pregunta por el hombre fuera una cuestión sin respuesta. A lo largo de la historia, el ser humano ha ido ampliando su conocimiento sobre sí, aunque la respuesta a la pregunta por su ser más profundo será siempre parcial, sin que por ello deje de ser verdadera. En esta búsqueda de autocomprensión siempre habrá zonas de sombra y aspectos de «misterio». De ahí la tradicional distinción entre «misterio» y «problema». Según Gabriel Marcel, el hombre no es un problema, sino un misterio, pues el problema se resuelve desde fuera —como un problema matemático—, mientras que el misterio exige ser afrontado desde dentro, ya que el hombre forma parte de lo que intenta comprender[21].

Por otra parte, para algunos pensadores la pregunta por el hombre constituye la «pregunta fundamental», la clave interpretativa de todo saber. Es célebre, en este sentido, la reflexión de Kant: las tres cuestiones esenciales de la filosofía —¿Qué puedo conocer? (metafísica), ¿qué debo hacer? (ética) y ¿qué puedo esperar? (religión)— remiten todas a una última: ¿Qué es el hombre? «En el fondo —escribía Kant— todas podrían responderse por la antropología, pues las tres primeras se reducen a la última»[22]. De este modo, la antropología vendría a ser la ciencia primera, es decir como una nueva metafísica. «Pero dicha pretensión de ultimidad o de totalidad desvirtúa la filosofía y la antropología filosófica misma. A pesar de la radicación antropológica de cualquier cuestión, cabe no olvidar que el hombre no es el fundamento último, sino que él mismo se debe a otros y remite a otros: al ser, el bien, la verdad, Dios, de modo que él mismo ha de ser entendido desde estos otros planteamientos»[23].

Solo el ser humano se pregunta por sí mismo. Ningún otro ser vivo tiene esta capacidad de interrogarse. Y quizá en esta capacidad de preguntarse —y de buscar sinceramente respuestas— reside una de las claves más profundas de lo que significa ser humano[24].

2.
EL TRANSHUMANISMO EN SU HISTORIA

2.1. HACIA UNA DEFINICIÓN DEL TÉRMINO

El transhumanismo ha sido definido como «un movimiento cultural, intelectual y científico que afirma el deber moral de mejorar las capacidades físicas y cognitivas de la especie humana, y de aplicar al hombre las nuevas tecnologías, para que se puedan eliminar aspectos no deseados y no necesarios de la condición humana, como son: el sufrimiento, la enfermedad, el envejecimiento y hasta la condición mortal»[25].

De este modo, Nick Bostrom, uno de los mayores teóricos de esta opinión, afirma que el transhumanismo representa una nueva concepción operativa del futuro del hombre; concepción que reúne científicos y expertos procedentes de distintos sectores del saber: Inteligencia artificial, neurología, nanotecnología o biotecnología aplicada. A estos se unen filósofos y hombres de cultura, con el mismo fin: el de cambiar, mejorar la naturaleza humana y prolongar su existencia.

La misma definición del «transhumanismo» plantea ya una serie de interrogantes fundamentales: ¿Qué entendemos cuando hablamos de un «mejoramiento» (enhancement) de la especie humana? ¿Dónde está la frontera entre terapia y mejora? El hombre desde siempre emplea unos medios —naturales o artificiales— para potenciar sus facultades habituales y mejorar su cuerpo o fortalecer su inteligencia. ¿Existen limitaciones éticas para estas operaciones? ¿Cuándo se puede afirmar de un hombre que es «normal» y cuándo no lo es? El criterio de normalidad ¿se establece con arreglo a unos estándares físicos o a estadísticas del número de seres humanos que poseen esa normalidad? También el asunto del *enhancement* plantea de por sí numerosos interrogantes, que requieren un estudio específico, científico y ético[26].

Es importante distinguir entre *transhumanismo* y *posthumanismo*. El transhumanismo está influido por el humanismo de la Ilustración y propone mejorar al ser humano usando la tecnología. En cambio, el posthumanismo viene de la filosofía posmoderna: pone en duda que el ser humano sea el centro de todo y busca cuestionar las ideas tradicionales sobre lo que significa ser humano.

Los dos términos están relacionados: el transhumanismo se entiende también en el marco de la crítica posmoderna al humanismo que desarrolla el posthumanismo. Por eso se puede decir que, en cierto sentido, todos los transhumanistas son posthumanistas; sin embargo, no todos los posthumanistas son transhumanistas, porque no todos creen que la tecnología sea el camino principal.

El posthumanismo se inspira en pensadores posmodernos como Michel Foucault, Jacques Derrida y Gilles Deleuze. Estos autores cuestionan la idea del «sujeto» como base de la filosofía y defienden la importancia de la *diferencia* —es decir, de lo singular, lo que no puede reducirse a una identidad fija—. Esto hace que sea muy difícil definir qué es exactamente el posthumanismo: si se elimina la noción de identidad, ya no se puede establecer con claridad qué significa ser «posthumano».

Nick Bostrom también precisa la diferencia entre un ser «transhumano» y otro «posthumano». El primero sería un ser humano en transformación, hasta llegar al «posthumano». Este último, por su parte, sería un ser humano, pero con facultades físicas, intelectuales y psicológicas «mejores» que las de un ser humano «normal». En concreto, un ser «posthumano» sería un ser —no se especifica si natural o artificial— con las siguientes propiedades: una esperanza de vida superior a los 500 años; capacidades intelectuales dos veces superiores al máximo que el hombre actual puede tener; y dominio y control de los impulsos de los sentidos, sin padecimiento psicológico.

Se trataría, por tanto, de alguien con unas capacidades que sobrepasan de modo excepcional las posibilidades del hombre actual. Esta superioridad sería tal que eliminaría cualquier ambigüedad entre el ser humano y el posthumano: el posthumano será totalmente diverso, muy superior y más perfecto que el ser humano y el transhumano. Un posthumano, según afirma Bostrom, podría gozar de una prolongación de la vida sin deteriorarse, tendría mayores capacidades intelectuales —sería más inteligente que los demás—, tendría un cuerpo conforme a sus deseos, podría engendrar copias de sí mismo, dispondría de un control absoluto de sus emociones.

El término «transhumanar» fue utilizado ya por Dante Alighieri en *La Divina Comedia,* para referirse a la meta última del hombre constituida por la experiencia de ser elevado por la Gracia Divina, más allá de lo humano, hacia la realización total y transcendente en Dios, hacia la Bienaventuranza. Pero fue Julian Huxley, primer director de la UNESCO, miembro de la First Humanist Society of New York y presidente de la Internacional Humanist and Ethical Union, quien introdujo el concepto contemporáneo de «transhumanismo» en 1957. Lo hizo al señalar que «la especie humana puede, si lo desea, trascenderse —no solo esporádicamente, un individuo aquí de una manera, otro allí de otra forma— sino en su totalidad, como humanidad. Necesitamos un nombre para esta nueva creencia. Quizás *transhumanismo* pueda servir: el hombre sigue siendo hombre, pero transcendiéndose, a través de la realización de las nuevas posibilidades»[27].

Huxley se inspira en la terminología de Dante, pero cambia el significado. El proceso de transhumanación, ya no es un don que otorga la Gracia Divina, sino que se ha convertido en un trabajo, una dura tarea que realizar por la propia humanidad, a través de la aplicación de la tecnología. El concepto pasa así de significar la superación de la infelicidad humana en virtud de la Gracia de Dios, a la superación de la propia naturaleza humana, gracias a la ciencia, en tanto obra exclusivamente humana.

El transhumanismo es, en definitiva, un movimiento cultural, intelectual y científico que defiende el uso de tecnologías avanzadas para ampliar las capacidades humanas, superar las limitaciones biológicas y, en última instancia, transformar la condición humana. Su objetivo central es vencer barreras como el envejecimiento, la enfermedad o la muerte y las limitaciones intelectuales, bajo la premisa de que la especie humana en su forma actual no constituye el final de la evolución, sino una etapa susceptible de mejora. Los transhumanistas aspiran así a una eventual transición hacia lo «posthumano», un estadio de existencia dotado de capacidades radicalmente ampliadas.

En las últimas décadas, el transhumanismo ha generado intensos debates éticos y filosóficos. Sus críticos, entre ellos Francis Fukuyama, lo han calificado como «la idea más peligrosa del mundo», advirtiendo de riesgos como la pérdida de dignidad humana, la creación de desigualdades entre «mejorados» y «naturales» o la deriva hacia una eugenesia tecnológica. Los defensores, en cambio, argumentan que la naturaleza humana siempre ha sido maleable, que los beneficios del progreso tecnológico superan los riesgos y que las mejoras pueden democratizarse en lugar de concentrarse en élites privilegiadas.

2. 2. BREVE HISTORIA DEL TRANSHUMANISMO

Aunque el término es reciente, la aspiración de perfeccionar al ser humano tiene raíces muy antiguas. En la *Epopeya de Gilgamesh* (ca. 1700 a. C.) ya aparece la búsqueda de la inmortalidad, mientras que en la mitología griega el mito de Prometeo simboliza la osadía de usar el conocimiento para trascender lo dado. Platón y Aristóteles reflexionaron sobre la perfectibilidad humana, y en la Edad Media alquimistas y médicos intentaron hallar fórmulas para prolongar la vida o alcanzar un conocimiento superior.

a) Del humanismo al transhumanismo

En su origen, el humanismo no era un sistema filosófico, sino un programa educativo y literario[28], pero, al dar nueva vida a los sistemas filosóficos clásicos griegos y latinos, incorporaba importantes nociones filosóficas de orden diverso y más bien ecléctico, coincidentes únicamente en otorgar valor al hombre y al estudio de las humanidades[29]. Considerando que el hombre está en posesión de capacidades intelectuales potencialmente ilimitadas, los humanistas consideraban la búsqueda del saber y el dominio de diversas disciplinas como condición necesaria para el buen uso de estas facultades. Defendían, así, la extensión y expresión en lengua vulgar de todos los saberes, incluidos los religiosos.

Desde esta óptica, el humanismo trató de exponer y difundir con mayor claridad el patrimonio cultural. El individuo, correctamente instruido, permanece libre y plenamente responsable de sus actos en la creencia de su capacidad de elección. Las nociones de libertad o de libre albedrío, de tolerancia, de independencia, de apertura y de curiosidad son indisociables de la teoría humanista clásica.

El humanismo renacentista fue una actividad de reforma cultural y educativa ejercida por rectores, coleccionistas de libros, educadores y escritores civiles y eclesiásticos, que a finales del siglo XV comenzaron a ser llamados, en italiano, *umanisti* (humanistas)[30]. Se desarrolló durante el siglo XV y principios del XVI y fue una respuesta a la educación universitaria escolástica, que entonces era dominada por la filosofía y la lógica aristotélicas. Hubo importantes centros de humanismo en Florencia, Nápoles, Roma, Venecia, Mantua, Ferrara y Urbino.

Los humanistas trataron de crear una ciudadanía —con frecuencia incluidas las mujeres— capaz de hablar y escribir con elocuencia y claridad y, por lo tanto, capaz de participar de la vida cívica de sus comunidades y persuadir a otros a acciones virtuosas y prudentes. Esto se lograría a través del estudio de las «humanidades» *(studia humanitatis)*: gramática, retórica, historia, poesía y filosofía moral[31].

El humanismo, desde el Renacimiento, exaltó la centralidad del ser humano como agente racional y creador de sentido. Frente al teocentrismo medieval, colocó al hombre en el centro de la cultura, celebrando sus capacidades intelectuales y su potencial de autoperfección. Giovanni Pico della Mirandola, en su célebre *Oratio de hominis dignitate* (1486), proclamaba que el hombre no tiene una esencia fija, sino que posee la libertad de modelarse a sí mismo.

Sin duda alguna, corresponde a Pico della Mirandola el mérito histórico de haber formulado por vez primera la idea de que la dignidad del hombre estriba ante todo en su libertad para formar y plasmar su propia naturaleza. De esta manera, el filósofo renacentista ha anticipado la noción clave del existencialismo, que consiste en considerar al hombre ya no como un mero objeto «en sí», entre otros objetos sometidos a rigurosas leyes de causalidad, sino como un sujeto «para sí», de cuya acción libre depende la configuración de la personalidad propia. Esa concepción plástica del ser humano como proyecto abierto resuena con fuerza en el transhumanismo: la idea de que la biología no determina de manera absoluta nuestro destino, y que podemos intervenir sobre ella para mejorarnos.

Pico della Mirandola insistió en los riesgos que conlleva la libertad humana. En cada decisión, el hombre se pone en juego a sí mismo. Una elección libre no es un mero hecho contingente, ni algo semejante a un fenómeno físico que se diluye en la marcha irreversible del tiempo. La libertad es para Pico della Mirandola una fuente de autodeterminación, una configuración ontológica de sí mismo que puede concluir o bien en la degeneración que hace del hombre una «planta» o una «bestia», o bien en la elevación que hace del hombre un «animal celeste», un «ángel», una «morada de Dios»:

> «Oh, Adán, no te he dado ni un lugar determinado, ni un aspecto propio, ni una prerrogativa peculiar con el fin de que poseas el lugar, el aspecto y la prerrogativa que conscientemente elijas y que de acuerdo con tu intención obtengas y conserves. La naturaleza definida de los otros seres está constreñida por las precisas leyes por mí prescritas. Tú, en cambio, no constreñido por estrechez alguna te la determinarás según el arbitrio a cuyo poder te he consignado. Te he puesto en el centro del mundo para que más cómodamente observes cuanto en él existe. No te he hecho ni celeste ni terreno, ni mortal ni inmortal, con el fin de que tú, como árbitro y soberano artífice de ti mismo, te informases y plasmases en la obra que prefirieses. Podrás degenerar en los seres inferiores que son las bestias, podrás regenerarte, según tu ánimo, en las realidades superiores que son divinas»[32].

El prefijo «trans» en *transhumanismo* señala tanto una superación como una transición. Se trata de un movimiento que se inscribe en la tradición del humanismo, pero que también se rebela contra ella. Sin embargo, el transhumanismo marca también una ruptura con el humanismo clásico. Si este ponía el énfasis en la cultura, la educación y la razón como vías de perfeccionamiento, el transhumanismo se apoya en la biotecnología, la inteligencia artificial y la ingeniería del cuerpo y de la mente. Allí donde el humanismo confiaba en la educación y el esfuerzo ético, el transhumanismo confía en el poder transformador de la técnica. En cierto modo, es el cumplimiento extremo de la máxima baconiana según la cual «saber es poder», pero aplicada al dominio de la propia naturaleza humana.

b) Raíces modernas e ilustradas del transhumanismo

Novum organum scientiarum (Nuevos instrumentos de la ciencia), más conocido como *Novum organum,* es precisamente la obra principal del filósofo inglés Francis Bacon, publicada en 1620, quien concebía la ciencia como técnica capaz de dar al ser humano el dominio sobre la naturaleza. El *Novum organum* trata sobre la lógica del procedimiento técnico-científico, una lógica contrapuesta a la aristotélica —cuyos tratados de lógica recibieron, precisamente, el nombre de *Organon*—, y que, según Bacon, resultaba buena solo para la disputa verbal.

Francis Bacon sostiene que es necesario que la inteligencia humana se apropie de instrumentos eficaces para dominar la naturaleza. Estos instrumentos son los experimentos que interpretan y dan forma a los datos de la experiencia sensible. Es necesario librarse de los prejuicios que obstaculizan las nuevas ideas («ídolos»).

El proyecto ilustrado del siglo XVIII defendió la perfectibilidad del ser humano a través del progreso de las ciencias y las instituciones. Nicolás de Condorcet ya esbozó la posibilidad de que la razón humana, liberada de supersticiones, lograra vencer las enfermedades, alargar la vida e incluso alcanzar una suerte de inmortalidad terrenal[33]. Esta confianza en el progreso ilimitado constituye una de las matrices fundamentales del transhumanismo.

Condorcet especuló sobre la prolongación indefinida de la vida humana, mientras que Benjamín Franklin fantaseó con técnicas de suspensión vital. Este optimismo se reforzó con el materialismo mecanicista presente en *L'Homme Machine* (1885), de Julien Offray de La Mettrie, para quien el ser humano era un conjunto de resortes físicos, lo que abría la posibilidad de intervenir en su funcionamiento.

También el espíritu prometeico de la modernidad —el desafío al destino y a los dioses mediante la técnica— está presente en la base filosófica transhumanista. La figura de Prometeo, que roba el fuego a los dioses para entregarlo a los hombres, es un símbolo que reaparece continuamente en los discursos transhumanistas, donde la tecnología aparece como el instrumento que nos emancipa de las cadenas de la biología, de la enfermedad y de la muerte.

No obstante, en esta misma raíz ilustrada y prometeica se encuentran las tensiones críticas. La Ilustración produjo también advertencias sobre el peligro de que la *hybris* tecnológica conduzca a catástrofes. Kant, en su *Crítica de la razón práctica*, insistía en que la dignidad humana no debe reducirse a medio para fines externos. Esa advertencia resuena como crítica a un transhumanismo que, llevado al extremo, podría instrumentalizar la vida humana en pos de un ideal abstracto de perfección.

c) Raíces transhumanistas en la edad contemporánea

En el siglo XX, el debate antropológico adquirió bases más concretas gracias a los avances en biología, fisiología y medicina. El genetista J. B. S. Haldane, en su ensayo *Dédalo e Ícaro* (1923), anticipó el impacto de la biología aplicada en la mejora humana, incluyendo la eugenesia y la ectogénesis —crecimiento de un organismo en un entorno artificial, como el crecimiento de un embrión fuera del cuerpo de la madre—. Pocos años después, J. D. Bernal especuló sobre la colonización espacial y la transformación del cuerpo mediante la biónica y las mejoras cognitivas.

Filosóficamente, a mediados del siglo XX, cobra fuerza el existencialismo que niega que el ser humano posea una naturaleza específica, sino que debe hacerse a sí mismo por medio de sus elecciones. La existencia es un acontecimiento trágico y la condición humana, una realidad carente de sentido porque, al final, todo termina con la muerte.

El verdadero impulso del transhumanismo contemporáneo surgió a partir de la segunda mitad del siglo XX. Hacia 1950, Alan Turing, considerado por muchos como el padre de la computación y uno de los pioneros de la inteligencia artificial, en su artículo: «Máquinas de computación e inteligencia»[34], ya se estaba peguntando en su tiempo si existía la posibilidad de que en algún momento las máquinas pensaran en el mismo modo general que los seres humanos. La idea de Turing, a partir del denominado «test de Turing», se basa en la suposición de que, si una máquina se comporta en todos los aspectos como inteligente, entonces la respuesta es que sí es inteligente. La prueba consiste en descubrir, por medio de una entrevista a un computador y a un humano, cuál es el humano y cuál es el computador. En el caso de que el entrevistador no pueda identificar al computador, el computador gana.

En 1957, el biólogo y adalid de la moderna síntesis de la evolución anteriormente citado, Julian Huxley, acuñó el término *transhumanismo* para describir la posibilidad de que la humanidad trascendiera sus limitaciones naturales. Para Huxley, se trataba de una «nueva creencia» según la cual la humanidad, en su conjunto, podía superarse a sí misma a través de la ciencia. Su visión, impregnada de humanismo y espiritualidad científica, difería de la acepción actual, más centrada en la intervención tecnológica directa.

En efecto, lo que el transhumanismo defiende con empeño es que debemos abandonar la pasividad a la que nos hemos visto sometidos en el proceso evolutivo darwiniano, que nos ha hecho tal como somos: unos primates hablantes e inteligentes, pero sometidos a múltiples limitaciones que podrían ser superadas tecnológicamente. Ha llegado la hora de que el ser humano tome el control de su propia evolución y haga de ella una evolución dirigida o diseñada. Puede decirse, de hecho, que está moralmente obligado a ello, puesto que procurar la mejora constante de nuestra condición, como se ha venido haciendo siempre a través de la tecnología, es un deber inexcusable. La evolución biológica, basada en la selección de variaciones aleatorias, habría así finalizado para nosotros. Comenzaría en su lugar la evolución basada en la tecnología[35].

d) El humanismo evolutivo

Ya Darwin había sostenido que la especie humana no es el fin de la evolución, sino una etapa contingente, susceptible de superación. Desde el punto de vista histórico, resulta pertinente poner nuestra atención en la cultura desarrollada tras la publicación de *El origen de las especies* (1859) por Charles Darwin. Los protagonistas de la revolución darwinista son importantes para comprender la evolución del transhumanismo. Algunos nombres que nos interesan aquí son: Francis Galton y H. G. Wells, quienes de manera directa influyeron en el pensamiento de Julian Huxley, quien consideró que el destino histórico del ser humano es «dirigir conscientemente la evolución humana».

El hombre que históricamente dio pie a las especulaciones eugenésicas fue Francis Galton. Este autor, primo de Darwin, inspirándose en su evolucionismo, pensó que la libertad humana sería tal cuando tuviera bajo su control su propia evolución. Así, partiendo de una evolución natural y tras su acción providente, el ser humano estaría comenzando su evolución artificial, que Galton denominó «eugenesia».

Galton definió la eugenesia en 1883 en su libro *Investigaciones sobre las facultades humanas y su desarrollo*. Para él, representaba la ciencia del mejoramiento de la raza, aquella que buscaba sus mejores cualidades para potenciarla tras un proceso de selección artificial. Siguiendo ese método selectivo y tras cribar la sociedad, sería posible obtener como resultado una nueva generación de humanos mejorados. Por ello, el método eugenésico de Galton siempre estuvo orientado a realizar acciones políticas de ingeniería social.

En 1904, en la naciente *London School of Economics*, Galton pronunció un discurso con motivo de las *Huxley Lectures*, en el que propuso un plan para aplicar políticamente el proyecto eugenésico: «Habrá que atravesar tres estadios. Primeramente, debe hacerse familiar como cuestión académica, hasta que haya sido comprendida y aceptada como un hecho su exacta importancia; segundo, debe reconocerse como una materia cuyo desarrollo práctico merece seria consideración; tercero, debe ser introducida en la conciencia nacional como una nueva religión».

Y añadió: «Hay, ciertamente, fuertes demandas para que se convierta en el futuro en una meta religiosa ortodoxa, puesto que la eugenesia coopera con los trabajos de la naturaleza asegurando que la humanidad estará representada por sus razas más aptas. [...] No veo ninguna imposibilidad de que la eugenesia se convierta en un dogma religioso de la humanidad, pero sus detalles deben ser primero puestos en marcha, diligentemente, en el estudio. Un excesivo ardor, que conduzca a una acción apresurada, puede ser dañino y alimentar esperanzas de una cercana edad de oro que serían falsas y desacreditarían a la ciencia. El punto primero y más importante es asegurar la aceptación intelectual general de la eugenesia como el estudio más importante y esperanzador. Dejemos que sus principios penetren en el corazón de la nación, y esta le irá dando gradualmente formas prácticas que no podemos realmente predecir»[36].

El planteamiento de Galton, por tanto, puede ser definido como un intento de proponer la eugenesia como una religión civil. Los tintes científicos de su discurso buscaban desarrollar una ética para la ciencia que permitiera dotar a la tarea científica de un objetivo dentro del progreso del conocimiento del ser humano, tanto como ser biológico como agente moral. La misión fundamental de la religión eugenésica es conseguir la «toma de conciencia» de la necesidad social de la misma.

Los objetivos de la eugenesia, por tanto, son, por un lado, la instrucción moral de la sociedad para transformar las conciencias y, por otro, la acción del Estado para dirigir la sociedad, para que la nueva generación mejorada sea un hecho. Todo ello bajo el prisma religioso, es decir, interpretando la eugenesia como una catarsis social y como un saber de salvación de la humanidad en el sentido gnóstico de la palabra.

En este punto es pertinente fijarse en Julian Huxley, quien asumió la religión eugenésica como propia. Huxley, que era nieto de Thomas Henry Huxley, estuvo profundamente influido por las ideas de su abuelo, de Galton y de H. G. Wells. Se puede decir que el primero y el último fueron sus maestros intelectuales. Ambos pensadores dejaron una impronta en su pensamiento fundamental a la hora de desarrollar su filosofía transhumanista. De Galton se puede decir que tomó la inspiración religiosa de su pensamiento. Pues, para Julian Huxley, la ciencia eugenésica representaba la síntesis y expresión de las aspiraciones religiosas, filosóficas y científicas del pensamiento moderno.

Igual que para Galton, para Huxley la eugenesia era un proyecto de transformación de la conciencia humana. Para desarrollar esta idea, tomó del pensamiento de Friedrich Nietzsche la filosofía del «Superhombre», aquel que es capaz de transmutar su conciencia para librarse de los prejuicios que impiden el desarrollo de la voluntad de poder. La transvaloración de todos los valores, entonces, es la clave hermenéutica de su filosofía eugenésica. La aparición de la conciencia humana dentro del orden de la naturaleza significa, en este contexto, la misión específica del ser humano: transformar las raíces de su biología para obtener un hombre nuevo superior.

Como ya apuntamos más arriba, Huxley realizó una interpretación de la *Divina Comedia* de Dante en sentido nietzscheano. De Dante tomó la palabra «transhumanar», que puede encontrarse en el Canto I del Paraíso. De hecho, Huxley expresó que «tal vez algún día un pensador, adelantando en la tarea de la "transvaloración de todos los valores", trasladará la gran visión de la *Divina Comedia*, de Dante, con sus círculos superpuestos del ser desde la base del infierno hasta las cimas del paraíso, a términos psicológicos, sustituyendo una irreal vastedad exterior con las igualmente vastas realidades del microcosmos»[37].

Lo que Dante definió como la conversión o *metanoia* de su ser al contemplar la mirada de Beatriz y una ascensión hacia el ser divino, Huxley lo interpretó según las metamorfosis del espíritu de Nietzsche: «Tres metamorfosis del espíritu os señalo: cómo el espíritu se convierte en camello, y en león el camello, y en niño finalmente el león»[38].

Huxley estableció las metamorfosis que conducen al superhombre en sentido histórico-cósmico. Dado que él entendía que «el hombre es una mera porción de la sustancia universal y común del mundo»[39], definió su transhumanismo como la transición histórica de los tres estadios del cosmos como sustancia universal. Así, tomando prestada la terminología de la teología trinitaria cristiana, Huxley afirmó lo siguiente: «en forma amplia considero que "Dios Padre" es una personificación de las fuerzas de la naturaleza no humana; el "Espíritu Santo" representa todos los ideales y "Dios Hijo" personifica la naturaleza humana en su culminación, como si estuviera realmente encarnada en los cuerpos y organizada en mentes, salvando el abismo entre los dos y entre cada uno de ellos y la vida cotidiana. La unidad de las tres personas en "un solo Dios" representa el hecho de que todos esos aspectos de la realidad están estrechamente relacionados»[40].

La conversión religioso-científica para Huxley quedó definida entonces como una transformación de la conciencia para comprender el sentido y el destino del ser humano dentro del cosmos. Para el biólogo británico, el ser humano tiene el papel del Verbo divino en la historia. Los individuos humanos en el estadio actual de la historia representan los fragmentos del Verbo, que quedarán reunidos en una única conciencia cósmica en un estadio histórico ulterior y final.

En su ensayo *Transhumanismo*, publicado en un libro que reunía una serie de escritos sobre ciencia y filosofía, *Nuevos odres para el vino nuevo*, Huxley expresó la visión del mundo y de la historia que uno tiene cuando la idea transhumanista penetra en su conciencia: «Como resultado de mil millones de años de evolución, el universo empieza a tener conciencia de sí mismo y es capaz de comprender algo de su historia pasada y de su posible futuro. Este autoconocimiento cósmico se está realizando en una pequeñísima porción del universo, en unos pocos de nosotros, los seres humanos. Tal vez se haya realizado también en otra parte, como resultado de la evolución de seres vivos conscientes en los planetas de otros sistemas estelares, pero en nuestro planeta nunca se realizó antes»[41].

La toma de conciencia transhumanista pasa por captar la importancia del presente como un estadio histórico fundamental dentro del desarrollo en el tiempo de la humanidad y de la naturaleza. El ser humano representa el nacimiento de la conciencia del universo y el germen de su autoconocimiento final. La realización de dicha conciencia universal se lleva a cabo, en sentido práctico, gracias a la eugenesia, que produce como resultado individuos mejorados con una conciencia superior para llevar a cabo la misión cósmica a la que está destinado el ser humano. Este destino se fundamenta en el credo transhumanista de Huxley: «Si lo desea, la especie humana puede trascenderse a sí misma, pero no esporádicamente, aquí un individuo, de una manera, allá otro individuo de un modo distinto, sino en su totalidad, como humanidad. Necesitamos un nombre para este nuevo credo. Tal vez sirva "transhumanismo", esto es, el hombre permaneciendo como hombre, pero yendo más allá, superándose a sí mismo al realizar nuevas posibilidades de su naturaleza humana y para su naturaleza humana». Y añade: «Creo en el transhumanismo. Una vez que haya bastante gente que pueda decir esto sinceramente, la especie humana estará en camino de un nuevo género de existencia, tan diferente del nuestro como lo es el nuestro del género de vida del hombre de Pekín. Entonces, por fin, estará cumpliendo conscientemente con su destino»[42].

La cristalización de la idea transhumanista de Huxley se produjo durante los años en los que fue director general de la UNESCO, de 1946 a 1948. Fue allí donde procuró dotar a la filosofía eugenésica de un nuevo discurso para librarla de la lacra del nazismo, que se había servido de ella para justificar su barbarie. La transformación de la eugenesia en transhumanismo fue posible gracias a la amistad surgida en 1946 con Pierre Teilhard de Chardin. Desde que ambos pensadores fueron presentados en París, encontraron una afinidad intelectual y humana que duró hasta la muerte del sacerdote y paleontólogo jesuita en 1955.

Fue Teilhard de Chardin quien, durante las sesiones de la UNESCO para definir la filosofía que la iba a fundamentar teóricamente, comenzó a servirse de términos como «transhumanizarse»[43], «transhumanización»[44] y «Transhumano»[45]. La filosofía evolutiva de Teilhard de Chardin representa, como el pensamiento de Huxley, una síntesis de religión, ciencia y filosofía. Su enfoque recibió el influjo de la filosofía cosmista rusa. Se sirvió y transformó el concepto de Vernadsky, el de la *noosfera*, que articuló para representar la acción progresiva de la cultura humana dentro del desarrollo del universo.

El final de la progresión histórica del universo, para Teilhard de Chardin, converge en el «Punto Omega» —trasunto de la persona de Jesucristo—, que atrae hacia sí a todos los seres humanos. Para el pensador jesuita, como para Huxley, los individuos humanos son los granos de la conciencia cósmica que se reunirán finalmente en el Punto Omega. Así, la transhumanidad es definida por Teilhard de Chardin como la reunión final de la humanidad en la mente universal: «los hombres del porvenir no formarán, en cierta manera, más que una sola conciencia»[46].

Pero un influjo determinante en su interpretación de la evolución humana fue el punto de vista de su amigo, Julian Huxley. Como el propio Teilhard de Chardin reconoció, el pensamiento de Huxley es el eje de su comprensión del ser humano. En su primera obra publicada gracias al esfuerzo y empeño de Huxley, *El fenómeno humano*, Teilhard de Chardin lo expresó de la siguiente manera: «Siguiendo la fuerte expresión de Julian Huxley, el Hombre descubriendo que su propio ser no es otra cosa que la Evolución convertida en consciente de sí misma...»[47].

Para Teilhard de Chardin, por tanto, el ser humano dentro del orden de la naturaleza representa la primicia de la conciencia del universo. No dudó a la hora de hacer suya la antropología de Huxley para escribir *El fenómeno humano* y de definir el destino cósmico del hombre. La dirección consciente de la evolución, es decir, el transhumanismo, consiste en esta toma de conciencia cósmica, en un despertar de la conciencia humana dentro de la totalidad de la historia y de la naturaleza para dirigirla hacia su estadio final.

Se puede decir, por tanto, que el transhumanismo fue definido por Julian Huxley y Pierre Teilhard de Chardin. Esta filosofía es resultado de su amistad, la cual representa el punto de partida de las siguientes corrientes transhumanistas que han llegado hasta nosotros.

Así llegamos a 1968, un año que supuso un cambio de paradigma cultural. Los acontecimientos del *summer of love* del 67 y del Mayo francés del 68 marcaron un antes y un después en la cultura de masas de Occidente. La deconstrucción de la sociedad occidental tal y como había sido conocida hasta ese momento llegó para quedarse. Las consecuencias de la revolución cultural de la década de los 70 aún son palpables hoy en día, pues los valores individualistas del hedonismo de entonces se han consagrado con la vía de la felicidad principal en la sociedad de consumo del siglo XXI. Unos valores que también se insertaron en el discurso transhumanista y que le dieron el carácter que tiene hoy en día.

El transhumanismo desarrollado por los herederos de Julian Huxley cambió de tono intelectual con la llegada de los discursos futuristas, por un lado, y los de la liberación sexual, por otro. Pero no deja de ser llamativo que el apellido Huxley sigue estando presente en este momento de la historia transhumanista. Fue uno de los discípulos de Aldous Huxley —hermano de Julian— quien formó un movimiento que fue germen del actual transhumanismo: Timothy Leary, padre del movimiento del LSD y el hombre más peligroso de los Estados Unidos de América, según las palabras de Richard Nixon.

Tras sus andanzas con las drogas, Leary encontró en la defensa de los discursos tecno-futuristas un nicho en el que seguir desarrollando sus estudios y experimentos de psicodelia. En este contexto fundó un grupo llamado S. M. I^2. L. E., siglas de *Space Migration, Increased Intelligence & Life Extension*. El movimiento de Leary rendía culto a la tecnología y defendía su aplicación para transformar la naturaleza humana y ampliar su conciencia. El objetivo, siguiendo los presupuestos místicos de Aldous Huxley, era lograr purificar la percepción de la realidad, es decir, expandir la conciencia más allá de sus límites. Huxley y Leary hicieron suya aquella frase con la que comienza el libro de Aldous Huxley, *Las puertas de la percepción*: «Si las puertas de la percepción quedaran depuradas, todo se habría de mostrar al hombre tal cual es: infinito (William Blake)»[48].

La filosofía futurista de Leary inspiró a muchos transhumanistas de la época. Fue un defensor del inmortalismo y de la criogenia durante muchos años. Sin embargo, al final de su vida renunció a ser criogenizado en 1996 y decidió afrontar la muerte. Pidió que sus cenizas fueran lanzadas al espacio en un cohete para que se expandieran por la galaxia.

Una de las personas que influyó a Leary y que a su vez fue influido por él fue el filósofo iraní Fereidoun M. Esfandiary (1930-2000). Se puede decir que ambos pensadores centraron su atención en la filosofía de la infinitud. Su visión del ser humano era infinita en el sentido estricto del término. Pues rehusaban condicionarlo con cualquier definición o categoría cultural. Así, Esfandiary quiso privar al hombre de cualquier categoría fija y para ello pensó una «antropología líquida». Para Esfandiary, «la in-identidad es la nueva emancipación del individuo»[49]. Su filosofía abogaba por una total disolución de la naturaleza humana, convertida en sujeto de todo cambio cultural realizado a voluntad del individuo.

La libertad humana es entendida como una indeterminación absoluta, capaz incluso de decidir que la muerte es una elección, no una necesidad natural. Por eso fue defensor convencido de la criónica y al final de su vida, en el año 2000, se procedió a su suspensión criónica en Alcor Inc., empresa dirigida por el transhumanista Max More, discípulo de Leary y Esfandiary.

El filósofo iraní se unió a la revolución cultural de los 70. Esa es la razón por la cual su pensamiento es tan disruptivo. Se consideraba un «optimista» en el sentido revolucionario del término. Buscaba romper con el pesimismo cultural de Occidente y con la cultura de bloques de la Guerra Fría. Para ello, fundó en los 70 uno de los primeros movimientos transhumanistas, *Up-Wingers*, «los ascendidos». El pensamiento ascensionista de Esfandiary proponía una elevación de la conciencia por encima del paradigma cultural de la Modernidad, marcado por las derechas y las izquierdas.

La ascensión de la conciencia es la superación de los límites conceptuales que encierran la mente en la lucha de los opuestos. El objetivo era licuar la realidad toda con la voluntad de futuro del individuo, convertir el presente en objeto de transformación para hacer que el futuro no fuera una mera visión o ilusión, sino realidad. El futuro que contempla el ascendido es aquel en el que su naturaleza responde a los mandatos de su deseo.

Los ascendidos son, pues, aquellos seres capaces de contemplar y realizar el siguiente estadio evolutivo de la humanidad. Esfandiary tomó prestada la interpretación de la evolución de Julian Huxley e hizo suyo el proyecto de dirigir conscientemente la evolución: «Julian Huxley y otros evolucionistas han confiado durante mucho tiempo en que la humanidad puede y pronto controlará y acelerará genéticamente su propia evolución»[50].

Para Esfandiary, el momento de dirigir la evolución había llegado y era urgente ponerse manos a la obra. Una de las características de la toma de conciencia del movimiento *Up-Wingers* es que se consideraban precursores del último estadio de la historia humana. Eran netamente milenaristas y consideraban que con su pensamiento y con su acción aceleraban el final del tiempo histórico. Esfandiary, que cambió su nombre a FM-2030 para manifestar su ruptura con el pasado —su familia— y su nueva identidad futurista —pues pensaba que viviría hasta el año 2030—, decía de sí mismo lo siguiente: «Soy una persona del siglo XXI que ha sido arrojada accidentalmente en el siglo XX. Tengo una profunda nostalgia de futuro»[51].

El transhumano, en este sentido, es aquel que tiene conciencia de su alienación histórica, vive a destiempo. Su mente tiene conciencia de que ha sido «arrojado» hacia atrás, hacia el pasado, y que el futuro es, en realidad, su auténtico presente. Por eso, lucha por librarse de las barreras de nuestro presente, pues son para él un pasado que lo enajena del suyo. De alguna manera, el transhumanismo de Esfandiary es un «existencialismo al revés».

Si la conciencia existencialista de Martin Heidegger consideraba que el *Dasein* —es decir, la existencia humana— estaba arrojado en el mundo, la conciencia transhumanista es aquella en la que uno se ve arrojado al pasado y tiene que luchar por liberarse del mismo. Por ello, hay una peculiar angustia y esperanza del transhumanista: él contempla las posibilidades del futuro del ser humano como un presente que siente como suyo y al que debe volver. Ello es lo que caracteriza la «nostalgia de futuro» de Esfandiary y de sus seguidores. Así, su futuro no responde a la visión lineal del tiempo, por eso dice que es necesario «romper con el concepto de progreso histórico lineal»[52].

La ruptura con el presente, con la realidad, es la única emancipación posible. El transhumano aparece como negador consciente de la naturaleza presente, pues solamente a partir de esa negación es como logra trascender los límites del tiempo y dar el salto al futuro al que debe volver. Entonces, ¿cuál es el destino futuro del ser humano? «Nosotros somos cósmicos»[53], dijo Esfandiary. El destino de la humanidad es lograr la unidad con el universo, convertirse en la conciencia rectora del cosmos. Ese es el cambio al que está destinado el ser humano para el filósofo iraní. La visión transhumanista de Esfandiary no difiere mucho de cualquier mística, que reduce al individuo a nada para poder identificarse con la totalidad de la realidad.

La liquidación de la humanidad tiene como fin la unidad final del cosmos. De esta manera, la conciencia humana, fusionándose con el desarrollo de las nuevas tecnologías, se convertirá en la autoconciencia del universo, dirigiéndolo hacia estadios de perfección no previstos por la ciega naturaleza. Ese momento es lo que Esfandiary denominó la «Convulsión Cósmica»[54], que se caracteriza por el paso histórico definitivo hacia el futuro transhumano.

Como se puede ver, la continuación del pensamiento de Julian Huxley es evidente en el desarrollo del transhumanismo posterior. Sus ideas no quedaron en las estanterías de las bibliotecas, pues los grupos fundados por Timothy Leary y F. M. Esfandiary las recogieron y desarrollaron. De hecho, los fundadores del *Extropy Institute*, Natasha Vita-More y Max More, que son unos de los principales transhumanistas en la actualidad, fueron —como hemos dicho— discípulos directos de Leary y Esfandiary y pertenecieron a sus grupos transhumanistas.

E) CONSTITUCIÓN Y ACTUALIDAD DEL TRANSHUMANISMO

La profesora de Historia de la ciencia Lydia Feito[55] subraya la diversidad existente en este movimiento en la actualidad. Esa variedad y multiplicidad genera una gran dificultad para la caracterización de este movimiento: existe un «Transhumanismo democrático», una filosofía política que recoge temas y posiciones de la democracia liberal, la democracia social y el transhumanismo buscando una síntesis; entre las corrientes más conocidas está la escuela más temprana de transhumanismo, el *Extropianismo*, cuyos principios constituyen una aproximación proactiva a la evolución humana; pero también hay un «Transhumanismo cristiano», llamado asimismo «transhumanismo trascendente», que enfatiza la mejora humana en su dimensión espiritual; también se puede volver a citar esa idea propia de un posthumanismo radical, el *Singularismo*, una filosofía moral basada en la creencia de que se puede lograr una singularidad uniendo la materia y la vida, y que ha de ser promovida su realización y también asegurada su seguridad; existe incluso una conexión con propuestas ecologistas, en el *Tecnogaianismo,* que recoge buena parte de las ideas relativas a la hipótesis Gaia y defiende una tecnología a favor del medio ambiente, etc.

Antonio Diéguez, en un intento de simplificación, diferencia dos tipos de transhumanismo: un «transhumanismo cultural o crítico» —que suele preferir el apelativo de «posthumanismo»— y un «transhumanismo tecnocientífico»[56]. El primero estaría inspirado en la crítica postmoderna al ideal humanista realizada por autores como Foucault, Derrida y Deleuze, así como por corrientes de pensamiento como el feminismo, los estudios postcoloniales, los estudios culturales, el postmodernismo y el ecologismo radical. Figura emblemática de esta corriente es Donna Haraway, quien, junto a Katherine Hayles, ha contribuido enormemente a la difusión del posthumanismo mediante la publicación del *Manifiesto Cíborg,* en 1985. El verdadero objetivo del transhumanismo crítico es la progresiva eliminación de las diferencias, o bien, de los dualismos simétricos tales como «yo-otro, mente-cuerpo, cultura-naturaleza, hombre-mujer»[57].

El transhumanismo cultural no busca tanto la transformación medicalizada o mecanizada del ser humano —a la que incluso rechaza por sus compromisos ideológicos y por su visión ingenua de los problemas—, cuanto realizar una crítica de la concepción de lo humano considerada como natural y transmitida de ese modo generación tras generación. Trata, sobre todo, de mostrar las debilidades conceptuales y los presupuestos acríticos que están detrás de esa concepción, forjada en lo esencial por el humanismo moderno, la cual es denunciada como un producto de prejuicios eurocéntricos, racistas, sexistas y especistas. Es en ese sentido en el que debe entenderse la proclama de que el posthumano no es una entidad que haya que esperar en el futuro, sino que ya somos posthumanos.

Desde los planteamientos de esta modalidad del transhumanismo, la noción de lo humano propia de la época moderna, con sus pretensiones homogeneizadoras de universalidad, ha dejado de ser operativa desde hace tiempo. En realidad, siempre fue una entelequia orientada a la dominación y al control, más que al esclarecimiento de una supuesta naturaleza común. Haraway reivindica la figura del cíborg como modelo asexuado, criatura en un mundo postgénero, frente a la figura de la mujer-diosa, objeto de culto, pero también de separación y sometida a estereotipos impuestos. El cíborg, según su opinión, no es un mito de la ciencia ficción, sino una realidad que ya somos, y que expresa la voluntad de llevar a la práctica un proyecto social de autotransformación profunda y de diversificación personal. Sin embargo, aún no hemos asumido todas las consecuencias de su existencia, en particular, no hemos aceptado la necesidad de cuestionar los patrones normativos que han venido marcando las relaciones sociales hasta el momento presente.

No hemos reconocido que han quedado obsoletas las dicotomías que han fundamentado nuestra percepción del mundo a lo largo de los últimos siglos; dicotomías como organismo/máquina, natural/artificial, animal/humano, mente/cuerpo, masculino/femenino, hecho/ficción o naturaleza/cultura. Estas dicotomías sustentaron la visión humanista del ser humano que ha colapsado en la actualidad, entre otras razones por las injusticias que ha servido para justificar y por los daños que ha causado a otros seres vivos.

Eso pone de relieve, a juicio de Haraway, que la conceptualización de la mujer realizada por el feminismo tradicional, en la medida en que es deudora de algunas de estas dicotomías, ha de ser también cuestionada. El cíborg carece de una identidad bien definida y se muestra como una referencia contra la pureza y las fronteras identitarias trazadas de forma permanente. Por eso, su figura resulta liberadora, ya que abre las puertas a nuevas políticas no basadas en concepciones estrechas y esencialistas de lo femenino. Pero no solo las mujeres han de vivir hoy sus vidas de un modo en que los límites y las taxonomías consagradas hayan sido desdibujados o reconfigurados. Hemos de hacerlo todos, cíborgs figurados a los que esas categorías continúan aprisionando.

En cuanto al transhumanismo tecnocientífico, que es sobre el que centraremos nuestra atención en este libro, tiene a su vez dos vertientes. La primera de ellas es la que tiene una base biológica, genética, farmacológica y médica. Está representada fundamentalmente por los defensores del «biomejoramiento humano», denominado también «mejoramiento biomédico». Entre sus representantes más destacados están John Harris, Julian Savulescu y George Church, aunque es muy posible que ninguno de ellos acepte el calificativo de «transhumanista».

La ingeniería genética realizada hasta ahora —habitualmente designada como «clásica»—, en su aplicación al ser humano puede marcarse como objetivos alcanzables en un futuro más o menos lejano la eliminación de genes defectuosos, la potenciación de genes con cualidades deseables e incluso la inserción en nuestro genoma de genes procedentes de otras especies. Además, desde comienzos de este siglo, los científicos disponen de una herramienta potencialmente mucho más poderosa: la biología sintética. Este campo de investigación tecnocientífico ha permitido ya la creación en laboratorio de genes artificialmente diseñados para fines específicos, capaces de hacer que las células adquieran funciones radicalmente nuevas que no poseen en la naturaleza. En el futuro, dichos genes podrían estar constituidos incluso por nuevos tipos de nucleótidos o estar sometidos a un código genético diferente. Esto abre posibilidades mucho mayores de transformación de la vida tal como la conocemos, incluyendo aplicaciones más audaces y radicales en el propio ser humano.

La segunda vertiente del transhumanismo tecnocientífico —y quizás la más difundida en publicaciones sensacionalistas— está inspirada en los trabajos especulativos de científicos e ingenieros provenientes en buena parte del campo de la Inteligencia Artificial, de la cibernética y de la robótica. Marvin Minsky, Hans Moravec, Raymond Kurzweil, Nick Bostrom y Anders Sandberg son nombres imprescindibles al respecto. Un ejemplo representativo de este enfoque es el libro de Hans Moravec, *Mind Children,* publicado en 1988. En él se anuncia un futuro postbiológico en el que los seres humanos serán sustituidos en el control de este planeta por sus descendientes mentales o culturales —los robots superinteligentes—, y se juega con la idea de la inmortalidad conseguida mediante el procedimiento de verter o volcar nuestra mente, que es vista en todo momento como un mero *software,* en un nuevo *hardware,* esta vez duradero, es decir, en una máquina. En última instancia, lo que busca el transhumanismo tecnocientífico es la superación tecnológica del ser humano y su conversión en un (ciber)organismo genéticamente rediseñado y potenciado.

Pese a las diferencias entre el transhumanismo cultural y el tecnocientífico que han llevado a algunos intérpretes a considerarlos como opuestos en sus fines e intereses, subyace una idea común a ambos: la eliminación de las fronteras entre el ser humano y la máquina —y entre lo real y lo virtual— es considerada como una forma de liberación. La integración con la máquina y la superación de lo biológico en cuanto factor limitante es el modo final en el que el ser humano puede trascender su condición miserable, sesgada y asfixiante, para aspirar a horizontes en los que no se atisba límite alguno, ni temporal ni material. Aferrarse a una condición humana biológica y culturalmente prefijada es un empeño absurdo. La genuina liberación política y espiritual ha de empezar por una liberación de dicha condición.

Para el transhumanismo cultural esto implica proclamar el final del humanismo —de la visión antropocéntrica de la naturaleza y de la ética—, porque es ahí donde está la fuente de la que beben las múltiples formas de opresión cultural que ha generado la época moderna. El sujeto moderno no es ya sostenible por más tiempo. En cambio, algunos transhumanistas tecnocientíficos quieren subrayar la continuidad de los ideales humanistas en el proyecto que ellos persiguen, e incluso consideran que se trata de una radicalización de dichos ideales, puesto que tan solo se busca la superación de las barreras impuestas por nuestra condición biológica. Pero vistas las cosas con detenimiento, lo cierto es que la ruptura con esos ideales es mucho más clara que esa tenue continuidad que señalan y que apenas se basa en la confianza en el progreso de la ciencia y de la técnica.

A principios de la década de 1960, Marvin Minsky estudia las relaciones entre la inteligencia humana y la inteligencia artificial. En 1972, Robert Ettinger contribuyó a la conceptualización de la transhumanidad en su libro *Man into Superman*. Por esa misma época surgen otros destacados pensadores, como Hans Moravec y Raymond Kurzweil.

En 1983, la polifacética artista, escritora y activista Natasha Vita-More —apellidada así por su matrimonio con Max More— difundió el «Manifiesto Transhumano», el cual ha recibido posteriormente sustanciales modificaciones, hasta transformarse en la «Declaración Transhumanista», que sigue siendo el decálogo del movimiento transhumanista y cuya redacción establece:

«1. La humanidad es susceptible de ser afectada profundamente por la ciencia y la tecnología en el futuro. Prevemos la posibilidad de agrandar el potencial humano venciendo el envejecimiento, las limitaciones cognitivas, el sufrimiento involuntario y nuestro confinamiento al planeta Tierra.

2. Creemos que el potencial de la humanidad se encuentra en su mayor parte sin realizar. Hay situaciones posibles que llevan a condiciones humanas maravillosas y extremadamente valiosas.

3. Reconocemos que la humanidad se enfrenta a serios riesgos, especialmente debido al mal uso de las nuevas tecnologías. Hay situaciones realistas posibles que conducen a la desaparición de la mayor parte —si no de todo— de lo que consideramos valioso. Algunas de estas situaciones son drásticas, otras son sutiles. Aunque todo progreso es cambio, no todo cambio es progreso.

4. Es necesario un esfuerzo investigador para entender estos pronósticos. Necesitamos deliberar cuidadosamente sobre cuál es el mejor modo de reducir los riesgos y facilitar las aplicaciones beneficiosas.

5. La reducción de los riesgos existenciales y el desarrollo de los medios para la preservación de la vida y la salud, el alivio del sufrimiento grave y la mejora de la previsión y de la sabiduría humanas deberían ser promovidos como prioridades urgentes, y ser financiados vigorosamente.

6. El diseño de políticas debe estar guiado por una visión moral responsable e inclusiva que tome en serio tanto las oportunidades como los riesgos, que respete la autonomía y los derechos individuales, y que muestre solidaridad *con* y preocupación *por* los intereses y dignidad de las personas del mundo entero. Debemos también considerar nuestras responsabilidades hacia las generaciones futuras.

7. Abogamos por el bienestar de todo ser sintiente, incluidos los humanos, los animales no humanos y cualquier intelecto artificial futuro, forma de vida modificada, u otra inteligencia que pueda surgir por medio de los avances tecnológicos y científicos.

8. Defendemos que se permita a los individuos una amplia elección personal acerca de cómo llevar sus vidas. Esto incluye el uso de técnicas que puedan desarrollarse para ayudar a la memoria, concentración y energía mental; terapias para el

alargamiento de la vida; tecnologías para la elección repro-
ductiva; procedimientos criogénicos y muchas otras posibles
tecnologías para la modificación y mejora *(enhancement)* del
ser humano»[58].

En torno a esta declaración de principios, los primeros grupos abiertamente transhumanistas se reunieron formalmente a
principios de la década de 1980, en la Universidad de California,
principal centro del pensamiento transhumanista. Natasha
Vita-More presentó allí *Breaking Away*, una película experimental que trata de la destrucción de las limitaciones biológicas y de la gravedad terrestre. En 1982, Vita-More escribió el
Transhumanist Arts Statement y, seis años más tarde, el programa de televisión «TransCentury Update». En 1986, K. Eric
Drexler publicó su libro *Engines of Creation: The Coming Era
of Nanotechonology,* que analizaba las perspectivas de la nanotecnología y el ensamblado molecular, y fundó el Foresight
Institute para promocionar las tecnologías emergentes.

A mediados también de la década de 1980, la esperanza de
no morir ha desarrollado entre algunos humanistas el compromiso de la crionización, bien sea de todo el cuerpo o del cerebro. Las oficinas de la Alcor Life Extension Foundation fueron
un punto de unión para los futuristas, pues era la primera compañía no comercial en desarrollar, abogar y emplear la criónica.
Aunque no todas las actividades de la fundación estaban explícitamente relacionadas con el transhumanismo, algunos de sus
integrantes tuvieron un papel pionero en el movimiento. El
mismo filósofo iraní F. M. Esfandiary —que ya hemos citado
en el apartado anterior—, cuando vio truncadas sus esperanzas
de llegar a centenario por un cáncer de páncreas, pidió ser criogenizado por la Alcor Life Extension Foundation[59]. También
Max Moore, que fue presidente y director de esta Fundación ha
pedido que se criogenice su cerebro[60]. Alcor tenía en mayo de
2019 la significativa cifra de 170 pacientes criogenizados.

En 1989, Esfandiary publicó un libro con el sugestivo título de *¿Es usted transhumano? Una monitorización y simulación de su índice personal de crecimiento en un mundo rápidamente cambiante*[61]. En él defendía el uso de la tecnología para convertir al ser humano en un organismo postbiológico y alcanzar una existencia de duración indefinida. Esfandiary, al parecer, venía usando el término «transhumanista» en sus clases en la New School for Social Research de Nueva York ya desde mediados de los sesenta.

El libro *Great Mambo Chicken and the Transhumanist Condition*[62], del periodista Ed Regis está considerado la primera presentación divulgativa de las ideas transhumanistas. En 1990, el filósofo Max More redefinió formalmente el transhumanismo como una filosofía orientada a guiar la transición hacia la condición poshumana: «El transhumanismo es una filosofía que busca guiarnos hacia una condición poshumana. El transhumanismo comparte muchos elementos del humanismo, incluyendo un respeto por la razón y la ciencia, un compromiso con el progreso, y una valoración de la existencia humana en esta vida»[63].

En 1992, More fundó el Extropy Institute y formuló los «Principios de la Extropía», una filosofía que defendía el progreso ilimitado, la autotransformación, el optimismo práctico y el uso creativo de la tecnología. Se supone que la «extropía», un término ciertamente extraño y nada científico, sería lo «opuesto» a la entropía. Significaría, por tanto, en palabras de More, «el alcance de la inteligencia, el orden funcional, la vitalidad, la energía, la vida, la experiencia y la capacidad de un sistema vivo u organizativo, y el impulso para la mejora y el crecimiento». El Extropy Institute operó activamente hasta 2006, cuando cesó sus actividades organizativas, aunque su legado filosófico sigue influyendo en el pensamiento transhumanista moderno.

Por su parte, los filósofos Nick Bostrom y David Pearce fundaron en 1998 la Asociación Mundial Transhumanista (WTA), una organización no gubernamental que trabaja por el reconocimiento del transhumanismo. En 2008, cambió su nombre por «Humanity+», o, abreviadamente, H+, que es como más se la conoce hoy. Bajo la dirección del sociólogo James Hughes, experimentó una reorientación política e inició una rápida expansión, con grupos en diversos países que han tenido y tienen una presencia muy notable en las redes sociales y en los *mass media*, algo que se acrecentó con la posterior dirección de Natasha Vita-More. En contraste con la corriente *extropianista*, los miembros de la WTA consideran que el impacto tecnológico sobre la sociedad hace necesario prestar la misma atención a las cuestiones sociales que a las cuestiones técnicas. Una preocupación central de esta corriente es garantizar el acceso igualitario a las tecnologías de mejora humana, para todas las clases sociales y en todas las regiones.

Como puede constatarse, el clima cultural de inicios del siglo XXI se caracteriza por la coexistencia fáctica de planteamientos y teorías sobre el ser humano incompatibles entre sí, que está propiciada en parte por el proceso de secularización de la sociedad, la globalización, el desarrollo de las ciencias biológicas, las tecnologías de la información y comunicación, la mentalidad positivista y el relativismo extendido en amplios sectores culturales. Junto a la pervivencia de los planteamientos propios de la tradición clásica y medieval y un renovado interés por Aristóteles, se observa también el desmantelamiento del sujeto que han llevado a cabo los pensadores de la posmodernidad, el desarrollo de la teoría de la evolución, el psicoanálisis y los avances tecnológicos en el campo de la inteligencia artificial, la cibernética y la robótica.

Por influencia del naturalismo, en muchos ambientes hoy se concibe exclusivamente al ser humano como un mecanismo vivo que posee una organización más compleja y evolucionada que el resto de los vivientes. Entre el hombre y el resto de los seres vivos no existiría una diferencia cualitativa esencial, sino solo cuantitativa, de grado. En este contexto, se considera a la inteligencia como una facultad de adaptación activa frente a situaciones atípicas más flexible que el instinto de los animales, que se orienta a solucionar las necesidades vitales del organismo. Se tiende a identificar mente y cerebro, y se pretende explicar la aparición del pensamiento lógico abstracto exclusivamente con parámetros de índole material: leyes físicas, reacciones químicas, y fenómenos electromagnéticos. La creación cultural —la civilización— sería entonces un subproducto de esos fenómenos.

Por otra parte, el desarrollo tecnológico en los campos de la ingeniería informática, la inteligencia artificial, la robótica y la ciencia ficción están propiciando la difusión de la corriente transhumanista que predice el triunfo futuro de la especie humana sobre las limitaciones propias de la condición corpórea y sobre la misma muerte. La utopía transhumanista sostiene que la situación actual de la humanidad solo es una fase primitiva del desarrollo evolutivo de nuestra especie; y llegará en el futuro el momento de la transhumanidad, que vivirá para siempre en un ambiente hiperconfortable, gracias al empleo de supercapacidades que todavía esperan a ser descubiertas por medio de la tecnología.

En los últimos años, el transhumanismo ha comenzado a ser incorporado en la agenda política de algunos países. En Italia, por ejemplo, Giuseppe Vatinno, un político defensor del transhumanismo, fue nombrado en 2012 diputado al Parlamento. En Rusia, el Partido de la Longevidad, fundado en 2012 por Maria Konovalenko y por otros convencidos transhumanistas, tiene abundante presencia internacional en las redes sociales e incluye como su objetivo central, tal como indica su nombre, la prolongación de una vida feliz mediante medios científicos. También hay un partido transhumanista británico y otro alemán. En los Estados Unidos, el filósofo, periodista y teólogo Zoltan Istvan fundó en el Estado de California, a finales de 2014, el Partido Transhumanista de Estados Unidos, bajo cuyas siglas se ha presentado a las elecciones presidenciales del país en 2016. Posteriormente, ha contribuido a organizar el Partido Transhumanista Global, con delegaciones en más de veinte países. En España, el partido Alianza Futurista, creado en octubre de 2013, se proclama también defensor de los ideales transhumanistas.

En la actualidad, entre los principales centros académicos de reflexión sobre el transhumanismo y sobre el biomejoramiento humano, se encuentran: el Future of Humanity Institute y el Uehiro Centre for Practical Ethics, ambos en la Universidad de Oxford y ambos ligados también a la Oxford Martin School. El primero está dirigido por Nick Bostrom y forma parte de su personal investigador el conocido transhumanista Anders Sandberg, y el segundo está dirigido por Julian Savulescu y acoge también a un buen plantel de prestigiosos académicos. En el ámbito filosófico de habla hispana, hay también diversos investigadores trabajando en cuestiones relacionadas con el transhumanismo y con el biomejoramiento, normalmente desde una visión crítica moderada.

La historia del transhumanismo es, en suma, la historia de un viejo anhelo humano: superar nuestras limitaciones. Desde los mitos antiguos hasta los laboratorios de inteligencia artificial actuales, la aspiración de transcender lo humano ha estado siempre presente. Lo distintivo del siglo XXI es que las herramientas científicas y tecnológicas convierten en posibilidades reales lo que durante siglos fue solo mito o ficción.

2.3. EL BIOCONSERVADURISMO

El transhumanismo ha tenido que verse las caras con el bioconservadurismo. Este último consiste en una corriente filosófica y ética que aboga por la prudencia y la moderación en el uso de las tecnologías, en especial aquellas que implican manipulación genética, inteligencia artificial avanzada o proyectos de mejora humana. Su punto de partida es la preocupación por el riesgo de que las innovaciones tecnológicas transformen de manera radical la condición de la persona, comprometiendo su dignidad y alterando las bases morales, sociales y naturales sobre las que se sustenta su vida.

Aunque los bioconservadores difieren en sus filiaciones ideológicas —abarcando desde el conservadurismo religioso hasta el ambientalismo de izquierda o el humanismo crítico— comparten una actitud de escepticismo frente a las promesas de la biotecnología. El bioconservadurismo no rechaza necesariamente toda innovación técnica, pero sí cuestiona la legitimidad de aquellas intervenciones que buscan modificar lo que se considera la esencia o naturaleza del ser humano. A diferencia del bioludismo, que tiende a una oposición frontal a la tecnología, el bioconservadurismo desarrolla una crítica más matizada, centrada en las implicaciones morales y sociales de la «sociedad tecnológica». En su núcleo se encuentra la defensa de lo natural como categoría moral, entendida no solo en sentido biológico, sino también como un ámbito de límites y significados que no deberían ser superados por la voluntad humana.

Sus críticos, entre ellos filósofos como Steve Clarke o Rebecca Roache, sostienen que el bioconservadurismo se apoya en intuiciones morales difíciles de justificar racionalmente, lo que conduciría a un estancamiento del debate ético sobre la mejora humana. Sin embargo, los bioconservadores responden que su cautela no nace de prejuicios irracionales, sino del reconocimiento de los límites morales del dominio humano sobre la vida.

A) Michael Sandel y la ética del don

Uno de los pensadores más influyentes del bioconservadurismo contemporáneo es Michael J. Sandel, quien ha articulado una crítica profunda a la ingeniería genética y a la lógica del perfeccionamiento humano. En su obra *Contra la perfección. La ética en la era de la ingeniería genética*[64], Sandel sostiene que el problema moral fundamental de la mejora genética no reside en sus posibles consecuencias —como la desigualdad o la pérdida de autonomía— sino en la disposición perfeccionista que expresa.

Según Sandel, la aspiración a rediseñar la naturaleza humana revela una voluntad de dominio que erosiona virtudes fundamentales como la humildad, la responsabilidad y la solidaridad. Para él, los hijos deben ser aceptados como dones, no como productos del diseño parental. La pretensión de fabricar hijos «mejorados» socava la relación incondicional entre padres e hijos y convierte el amor en un acto condicionado por expectativas genéticas.

Sandel considera que la ingeniería genética amenaza la virtud de la humildad, pues alimenta la ilusión de que los seres humanos pueden y deben ejercer control total sobre su propia naturaleza. En el ámbito de la responsabilidad, advierte que el conocimiento y la manipulación genética podrían multiplicar las exigencias morales hacia los individuos y los padres, al convertir la dotación biológica en una cuestión de elección. Finalmente, en cuanto a la solidaridad, teme que el conocimiento genético absoluto erosione los vínculos comunitarios, al debilitar la conciencia de que nuestras capacidades son, en gran medida, fruto del azar. La conciencia de la contingencia —afirma Sandel— es la base del reconocimiento mutuo y de la justicia social.

En suma, su crítica al «proyecto prometeico» de mejora humana subraya que la búsqueda de la perfección técnica puede conducir a la pérdida de la humanidad misma. La arrogancia de la maestría tecnológica, advierte, amenaza con sustituir el reconocimiento de los límites por la ilusión de una autosuficiencia absoluta.

b) Leon Kass y la defensa de la finitud

El bioético americano Leon Richard Kass, otro exponente central del bioconservadurismo, desarrolla una argumentación convergente desde una perspectiva antropológica y bioética. En su conocido ensayo *Cuerpos sin edad, almas felices*[65], Kass distingue entre «terapia» y «mejora». Mientras la primera busca restaurar una función perdida o deteriorada, la segunda pretende otorgar ventajas más allá de la normalidad biológica. Aunque esta distinción no siempre es nítida, para Kass el paso de la terapia a la mejora marca una frontera moral significativa.

Su crítica se articula en torno a tres ideas: la actitud de dominio, los medios antinaturales y los fines dudosos. En primer lugar, advierte que la pretensión de «maestría» sobre la naturaleza humana implica una pérdida de respeto por su complejidad evolutiva. Las transformaciones biotecnológicas, sostiene, pueden alterar equilibrios delicados sin comprender plenamente sus consecuencias. En segundo lugar, denuncia los medios «antinaturales» de la mejora, en cuanto sustituyen el esfuerzo y la formación del carácter por atajos tecnológicos. El logro auténtico —argumenta— requiere una conexión inteligible entre medios y fines; una virtud como el coraje no puede adquirirse mediante una píldora.

Por último, Kass pone en duda los fines de la mejora biotecnológica. La búsqueda de cuerpos sin edad y de una vida prolongada indefinidamente no representaría un progreso moral, sino una negación de las condiciones que hacen posible el florecimiento humano: la necesidad, la pérdida, el duelo y la finitud. La mortalidad —afirma— da sentido a la existencia y fundamento a los vínculos intergeneracionales. Un mundo sin decadencia ni reemplazo generacional sería, a su juicio, hostil a los niños y carente de renovación moral. La felicidad humana, por tanto, depende de aceptar la propia vulnerabilidad y limitación.

c) Habermas y la libertad ética

Jürgen Habermas ofrece una defensa bioconservadora desde una perspectiva distinta, centrada en la teoría de la acción comunicativa y la ética del discurso. En *El futuro de la naturaleza humana*[66], rechaza las intervenciones genéticas orientadas a la mejora prenatal, argumentando que tales prácticas violan la libertad ética del individuo y crean relaciones sociales asimétricas.

Para Habermas, la diferencia entre la influencia social y la modificación genética radica en su carácter irreversible. Las decisiones genéticas tomadas por terceros se imponen de manera definitiva sobre la vida del individuo, impidiéndole concebirse como el autor de su propia existencia. Esta imposición vulnera la autonomía y la igualdad moral que sustentan la democracia deliberativa.

Además, Habermas advierte que las mejoras genéticas introducen relaciones asimétricas entre padres e hijos: los primeros se convierten en responsables directos de las características de los segundos, lo que rompe la base de simetría necesaria para la reciprocidad moral. A diferencia de las desigualdades sociales, que pueden ser cuestionadas o transformadas, la manipulación genética es irreversible y no puede ser objeto de revisión en el diálogo público. Desde su punto de vista, esta imposibilidad amenaza la autocomprensión del ser humano como agente moral y político.

d) Réplicas transhumanistas: Nick Bostrom y la dignidad posthumana

Los pensadores transhumanistas, con Nick Bostrom a la cabeza, han respondido con contundencia a los planteamientos bioconservadores. Según Bostrom, las objeciones acerca de la supuesta degradación moral o pérdida de dignidad que acompañaría a las mejoras humanas carecen de base empírica y filosófica. La historia —sostiene— muestra que la extensión del respeto moral ha ido ampliándose con el tiempo, incorporando a colectivos antes marginados. No habría, por tanto, motivo para pensar que los seres posthumanos no pudieran ser incluidos en una comunidad moral más amplia.

Bostrom redefine la noción de dignidad en términos dinámicos: no como un atributo fijo e inmutable, sino como una cualidad que puede desarrollarse y perfeccionarse mediante el progreso moral y tecnológico. En este sentido, considera que las mejoras bio e infotecnológicas pueden incluso fortalecer la capacidad humana para la virtud. Para él, no existe una diferencia moral relevante entre la mejora por medios tecnológicos y la mejora mediante educación o cultura.

El filósofo rechaza la idea de que la naturaleza posea autoridad normativa y recuerda que la «madre naturaleza», si fuera una entidad moral, sería responsable de innumerables sufrimientos. Desde esta perspectiva, intervenir en los procesos naturales no constituye una traición a la humanidad, sino una continuación del esfuerzo humano por mitigar el dolor y ampliar las posibilidades de bienestar.

El debate entre bioconservadores y transhumanistas revela una tensión fundamental entre dos concepciones del ser humano. Para los primeros, la dignidad radica en la aceptación de la finitud, en la humildad frente al misterio de la vida y en el reconocimiento de los límites morales del dominio técnico. Para los segundos, la dignidad se encuentra precisamente en la capacidad de trascender esos límites, de mejorar y transformar la condición humana.

Ambas perspectivas comparten, sin embargo, una preocupación por el futuro ético de la humanidad. Mientras los bioconservadores temen que el poder biotecnológico conduzca a la deshumanización, los transhumanistas confían en que ese mismo poder puede ser encauzado para ampliar la libertad y la

excelencia humanas. La cuestión decisiva no parece ser, entonces, si debemos intervenir sobre la naturaleza humana, sino
bajo qué criterios éticos y políticos debería hacerse. En última
instancia, el bioconservadurismo, más que una ideología de
oposición, representa una invitación a reflexionar sobre los
límites del progreso y sobre la responsabilidad moral de una
humanidad que, al dominar la vida, corre el riesgo de olvidarse
de sí misma.

3.
EL BIOMEJORAMIENTO HUMANO

La piedra miliar del transhumanismo es la mejora o el potenciamiento humano, más conocido en inglés como *human enhancement*. La mayoría de los autores transhumanistas ofrecen una definición de *enhancement* y, aunque con ligeras diferencias, coinciden sustancialmente. Por ejemplo, Nick Bostrom lo define como «una intervención que mejora el funcionamiento de algún subsistema de un organismo más allá de su estado actual, o que crea un subsistema del que el organismo carecía anteriormente»[67]. Para Julian Savulescu, el *enhancement* es aquella intervención «que ayuda a vivir más y/o una vida mejor que la normal»[68]. Mariano Asla, por su parte, define el transhumanismo como «un movimiento científico y filosófico que propone la utilización convergente de las nuevas tecnologías (nano, bio, info y cogni) para la transformación de la naturaleza humana. Así, la modificación del cuerpo biológico permitiría una existencia más saludable, potenciada en términos cognitivos, perfeccionada en cuanto al dominio de las pasiones, y, finalmente, libre de la amenaza del envejecimiento y la muerte»[69]. Siguiendo a Laura Cabrera, el *transhumanist enhancement* es «aquella intervención, no necesariamente médica, dirigida primariamente a mejorar una o más capacidades del individuo más allá de la frontera propia de la especie, con el objetivo de superar las limitaciones biológicas humanas»[70]. Tal superación mira a ofrecer al hombre mayores posibilidades de satisfacer sus deseos de felicidad y autorrealización, permitiéndole alcanzar objetivos cada vez más ambiciosos.

El cuerpo es el lugar por excelencia del potenciamiento y se considera el campo simbólico-material que muestra el dominio del ser humano sobre su precariedad y su condición misma de humano. Los portavoces del transhumanismo reconocen tres tipos de potenciamiento: el potenciamiento físico (*physical enhancement*), que busca mejorar las capacidades físicas del organismo y todo lo que se relaciona con ellas, como la salud, la eliminación de la enfermedad y la extensión radical de la esperanza de vida; el potenciamiento emocional (*mood and personality enhancement*), y el potenciamiento cognitivo (*cognitive enhancement*), que contempla el uso de drogas para aumentar la memoria y la concentración, así como la estimulación transcraneal para favorecer el aprendizaje[71].

La distinción entre *enhancement cualitativo* y *enhancement cuantitativo* está en el origen de las mencionadas corrientes transhumanistas. Así, mientras el transhumanismo tecnocientífico defiende el *enhancement cuantitativo*, que no conduce a la aparición de una nueva especie, el *enhancement cualitativo* es defendido por el transhumanismo crítico. Esta posición avala el *enhancement* radical, esto es, la práctica orientada a mejorar los atributos y las habilidades humanas en niveles que exceden lo que actualmente es posible para los seres humanos, con la consecuencia de crear seres que ya no serían humanos[72].

El proyecto transhumanista se lleva a cabo por medio de una serie de aplicaciones prácticas —recogidas en *Transhumanist FAQ*—[73] orientadas a conseguir una triple liberación: biológica, cognitiva y definitiva, esto es, del envejecimiento y de la muerte. Algunos transhumanistas postulan también una liberación reproductivo-sexual (Hughes, Dvorsky, Haraway), y un potenciamiento moral (Persson, Savulescu)[74]. Esta poliédrica liberación manifiesta la guerra que el transhumanismo ha declarado a los límites de la corporalidad humana, asimilando su carácter de no deseados a imperfecciones y males: los límites no son más que un remanente evolutivo que debe ser superado. El transhumanismo considera que la herencia biológica es el mayor obstáculo para ir más allá de las actuales posibilidades[75].

Indudablemente, el transhumanismo tiene razón al proclamar que el ser humano es un ser «manifiestamente mejorable», no solo desde el punto de vista físico, sino también desde el psicológico, el cognitivo, el moral, el emocional..., y que la tecnología puede proporcionar muchas de las mejoras que necesita. El ser humano ha soñado desde tiempos antiguos con trascender sus propias limitaciones biológicas. Desde las prácticas alquímicas medievales hasta la ingeniería genética contemporánea, la aspiración de «mejorar» la naturaleza humana ha guiado tanto utopías como distopías. En la actualidad, ese impulso se materializa en una constelación de tecnologías que pretenden optimizar la biología, prolongar la vida, ampliar las capacidades cognitivas y modificar la especie misma.

Se puede decir entonces, que el transhumanismo básicamente promueve una aproximación interdisciplinar para comprender y evaluar las oportunidades de mejorar la condición humana y el organismo humano abiertas por el avance de la tecnología. Esto implica prestar atención a tecnologías actuales y emergentes como la ingeniería genética, la tecnología de la información, la nanotecnología molecular y la ciencia cognitiva, y a algunas hipotéticas pero posibles, que se anticipan, como la inteligencia artificial, el «almacenamiento mental» *(mind uploaling)* o la criogenización. De hecho, este encuentro entre las cuatro tecnologías (que suele identificarse por sus iniciales NBIC: nanotecnología, biotecnología, tecnologías de la información, tecnologías cognitivas) es apoyado por los transhumanistas como un modo esencial para la mejora humana.

Como acertadamente señala Bostrom, lo que se necesita para la realización del sueño transhumanista es que los medios tecnológicos necesarios para aventurarse en el espacio posthumano estén disponibles para aquellos que deseen usarlos, y que la sociedad se organice de tal manera que tales exploraciones puedan llevarse a cabo sin causar daños inaceptables al tejido social y sin imponer inaceptables riesgos existenciales[76].

El progreso tecnológico es la condición básica *sine qua non* para el mejoramiento del organismo humano. En efecto, el desafío que impone la superación de las deficiencias biológicas de la naturaleza es enorme tanto por la complejidad de la tecnología requerida como por su financiación. Las dimensiones de tal desafío aumentan, si se tiene presente que el transhumanismo defiende el derecho de todos los hombres a acceder a dicho estado posthumano. De ahí que el proyecto transhumanista vea el «amplio acceso a la tecnología» como una urgencia moral. Las razones que justifican esta urgencia son, entre otras, disminuir el riesgo de desigualdad y aumentar las posibilidades de aliviar el sufrimiento.

Pero Bostrom reconoce que la realización de un proyecto de esta envergadura no está exento de riesgos. Esto explica que, para sus promotores, la «seguridad global» sea considerada el valor más importante, no negociable. Dentro de esta amplia categoría, es muy relevante el llamado riesgo existencial (*existential risk*), que constituye la catástrofe que debe ser imperiosamente evitada. Bostrom define el riesgo existencial como la posibilidad de aniquilación de la vida inteligente, o de que su potencial se acorte de modo drástico y permanente, como consecuencia de un evento adverso relacionado con el uso de la tecnología[77]. Teniendo en cuenta que la reducción del riesgo existencial atañe al bien público, el transhumanismo aboga por el desarrollo de un marco institucional que regule el uso de la tecnología, tanto a nivel nacional como internacional.

Los transhumanistas ven la naturaleza humana como un trabajo en progreso, un comienzo a medio hacer que podemos aprender a remodelar de modos deseables. La humanidad actual no tiene que ser el punto final de la evolución, más bien es considerada un comienzo. Esto les lleva, por una parte, a una defensa de la tecnología, y por otra, a promover estilos de vida, hábitos y modelos sociales que colaboren a dicha mejora. Pero también a una reflexión más teórica acerca de la definición de lo humano. Es verdad, y conviene mencionarlo, que, como movimiento con un ideario innovador y, en ocasiones, extraño, con ramificaciones muy diversas, y con conexiones muy amplias y variadas, dentro de las filas transhumanistas militan pensadores con posiciones muy diferentes.

Una primera distinción que podría plantearse sería la que diferencia entre los transhumanistas que reivindican la tradición humanista y los que promueven la idea de la singularidad y, por tanto, la ruptura con el humanismo. Los primeros se sitúan en lo que Luc Ferry denomina «transhumanismo biológico»[78]. En la línea de autores clásicos, como Condorcet, quien, en 1795, hablaba de la posibilidad del perfeccionamiento del ser humano[79], asumen la perfectibilidad del ser humano, ampliando los cambios posibles, más allá de lo social y político, hacia la modificación de la naturaleza humana. En este sentido, se trataría de llevar la humanidad hasta su más alto desarrollo.

Sin embargo, los segundos, que se podrían llamar «posthumanistas», se colocan en la defensa de un proyecto cibernético de hibridación entre el humano y la máquina. Autores como Ray Kurzweil[80] propondrían crear una especie nueva, radicalmente diferente de la humana, más inteligente, con mayores capacidades, que supera lo humano.

Esta segunda aproximación no desarrolla los ideales del humanismo clásico, ya que no busca hacernos más humanos, sino propiciar el advenimiento de una inteligencia artificial que sustituirá al ser humano. Por supuesto, hay una cierta conexión entre ambos, en la medida en que el primer transhumanismo podría transitar fácilmente al segundo. De hecho, todos los transhumanistas comparten esta idea de la mejora y superación del precario estado actual de la humanidad.

Los transhumanistas esperan que, a través de un uso responsable de la ciencia, la tecnología y otros medios racionales, seamos capaces de convertirnos, antes o después, en «posthumanos»: seres con capacidades muy superiores a las que tienen los seres humanos en el presente, que se habrán logrado por medio de transformaciones radicales o a través de pequeños cambios que de modo progresivo configuran un nuevo humano. El posthumano es un ser futuro cuyas capacidades básicas exceden radicalmente las de los humanos actuales hasta el punto de que no pueden ser calificados de ningún modo como humanos según nuestros criterios.

Estos posthumanos, por tanto, tendrán más memoria y más inteligencia; serán resistentes a las enfermedades y al proceso de envejecimiento, por lo que tendrán un tiempo ilimitado para aprender más y generar más habilidades; tendrán vigor ilimitado y no se sentirán cansados, hartos o irritados; controlarán sus deseos, estados mentales y emociones; tendrán una capacidad más grande para el placer, el amor, la apreciación del arte y la serenidad; experimentarán estados de conciencia que el cerebro del humano actual no puede siquiera sospechar, etc. Hasta tal punto serán los posthumanos capaces de diseñarse a sí mismos y a su mundo de un modo radicalmente nuevo y diferente, que nosotros, los humanos, sencillamente no podemos ni imaginarlo.

El «transhumano» es, entonces, un ser transitorio que está más allá del humano actual, pero no alcanza aún las capacidades del posthumano. Es un estado intermedio del que algunos se preguntan si no es, realmente, el estado actual, dadas las capacidades de intervención tecnológica de que disponemos, en comparación con nuestros antepasados. Las características de este tipo de humano al que Esfandiary denominó «transhumano» o «humano transicional», serían a su juicio:

las prótesis, la cirugía plástica, el uso intensivo de las telecomunicaciones, un estilo de vida cosmopolita y trotamundos, la androginia, la reproducción artificial, la ausencia de creencias religiosas y el rechazo de los valores familiares tradicionales. Obviamente, aunque ciertas posibilidades nos acercan a esa previsión posthumana, muchos defensores del transhumanismo no se identifican con la posición de este autor, especialmente en cuanto a los valores que defender. Lo cual es una muestra más de la diversidad existente en este movimiento.

Las técnicas de mejoramiento son comúnmente designadas con el término de *antropotecnias* —propuesto por el filósofo alemán Peter Sloterdijk— que agrupa las biotecnologías de mejoramiento humano, así como las infotecnologías que integran los sistemas informáticos con el cuerpo y la mente. El mejoramiento biomédico o biomejoramiento *(bioenhancement)* puede ser definido como «una intervención deliberada, aplicando la ciencia biomédica, que tiene como objetivo mejorar una capacidad existente que la mayor parte de los seres humanos normales poseen, o crear una nueva capacidad por medio de la actuación directa sobre el cuerpo o el cerebro»[81]. En el presente capítulo, expondremos de manera sistemática las principales biotecnologías contemporáneas y emergentes, centradas en el cuerpo y el material biológico, y reservaremos el capítulo siguiente para informar sobre las «infotecnologías», centradas en la información, la mente y la interfaz hombre-máquina, sus fundamentos técnicos, aplicaciones actuales, perspectivas futuras, así como sus implicaciones bioéticas.

3.1. INGENIERÍA GENÉTICA Y EDICIÓN DEL GENOMA

El transhumanismo postula que nuestra actual morfología como especie no responde a un diseño, ni a un designio divinos. Por otro lado, en líneas generales, menosprecia el valor que pudiera haberse acrisolado, a fuerza de tiempo y obstáculos, en el largo proceso de evolución. A causa de esto, no habría razones de principio para no tomar, por fin, las riendas del proceso en nuestras manos. Así lo expresaba Savulescu, con un tono triunfalista: «Ahora estamos entrando en una nueva fase de la evolución humana —evolución sometida a la razón— por la que los seres humanos seremos amos de nuestro destino. El poder ha sido transferido de la naturaleza a la ciencia»[82].

Aunque se ha señalado cierta inconsistencia al pretender que una propuesta meliorista y teleológica como la del transhumanismo se desarrolle en continuidad con lo que se denomina evolución por selección natural[83] —por lo menos en la versión darwiniana y no tanto en la de Lamarck—, la idea es bastante clara: para mejorar debemos liberarnos de los límites que nos impone el cuerpo.

Las posiciones transhumanistas se caracterizan por no oponerse a priori a la eugenesia y, de un modo más general, por no considerar inmoral de suyo la modificación de la naturaleza humana[84]. A esto se suma una actitud positiva hacia el mejoramiento y sobre la licitud moral de las intervenciones de las acciones terapéuticas. Los informa, en última instancia, un espíritu optimista por el que reclaman que la carga de la prueba no pese sobre los que impulsan el cambio, sino sobre los que sugieren prohibiciones o restricciones. De alguna manera, ponen el acento en los potenciales beneficios y en el coste de la pérdida de las oportunidades que la tecnología nos otorga, invirtiendo así la lógica del principio de precaución. A este respecto cobra una especial relevancia la ingeniería genética humana.

Esta disciplina constituye uno de los campos más fascinantes, prometedores y controvertidos de la ciencia contemporánea. Su estudio abarca desde las posibilidades terapéuticas más ambiciosas hasta los dilemas éticos más profundos, y sitúa a la humanidad frente a un horizonte en el que las fronteras tradicionales entre naturaleza y tecnología, enfermedad y salud, necesidad y mejora, se desdibujan progresivamente.

La ingeniería genética humana ofrece un panorama amplio y detallado de este campo en constante evolución, abordando sus fundamentos científicos, sus aplicaciones actuales y potenciales, así como los retos éticos, sociales y filosóficos que plantea. Su análisis permite comprender la magnitud de las transformaciones que se avecinan y la necesidad de un debate informado y plural sobre sus implicaciones.

La ingeniería genética humana puede definirse como el conjunto de técnicas orientadas a modificar el material genético con fines terapéuticos, preventivos o de mejora. Esta definición incluye la curación de enfermedades mediante terapia génica, la prevención de trastornos hereditarios, el dopaje genético para aumentar el rendimiento físico, la modificación de rasgos fenotípicos y el aumento de capacidades cognitivas como la memoria o la inteligencia. La amplitud de estas posibilidades revela que la ingeniería genética no se limita a corregir lo que está mal, sino que puede aspirar a transformar profundamente la biología humana, modificando sus límites naturales y sus potencialidades. Este potencial plantea un cambio de paradigma en la medicina y en la comprensión misma de lo que significa ser humano.

La ingeniería genética no es simplemente una cuestión técnica; implica decisiones que afectan a valores fundamentales como la dignidad humana, la autonomía, la justicia y la igualdad. Las consideraciones éticas surgen en múltiples niveles. En primer lugar, está la distinción entre reparar genes defectuosos —lo cual suele considerarse moralmente aceptable— y mejorar genes sanos —lo que genera mayor controversia—. Esta diferencia refleja un dilema clásico: mientras que curar una enfermedad responde a un imperativo médico y moral ampliamente compartido, intervenir en la línea germinal para aumentar capacidades no responde necesariamente a ese imperativo moral, porque podría abrir la puerta a formas modernas de eugenesia y desigualdad social.

Por otra parte, el uso de pruebas genéticas plantea dilemas sobre la confidencialidad, el deber de advertir a familiares sobre riesgos hereditarios y la posibilidad de discriminación genética. Del mismo modo, el desarrollo de pruebas prenatales no invasivas (NIPT) introduce el riesgo de abortos selectivos por sexo, lo que suscita inconvenientes graves por la instrumentalización de la vida humana. Estas cuestiones muestran que la ingeniería genética, al ampliar el control humano sobre la biología, también amplifica la responsabilidad moral que acompaña a ese control.

a) Edición genética

La dimensión ética también abarca la investigación científica. Todo estudio con seres humanos debe cumplir normas estrictas, tanto legales como morales: consentimiento informado, transparencia respecto a riesgos y beneficios, y supervisión por comités especializados. Tecnologías como la terapia CAR-T — que modifica células del sistema inmunitario para combatir el cáncer— muestran a la vez el enorme potencial de la ingeniería genética y la necesidad de regularla con rigor. Más delicada aún es la edición genética heredable en la línea germinal, que altera el ADN de futuras generaciones y plantea objeciones morales por la irreversibilidad de sus efectos, la modificación del patrimonio genético humano y la imposibilidad de contar con el consentimiento de quienes nacerán más adelante.

Entre las herramientas más revolucionarias se encuentra CRISPR/Cas9, que permite editar genes de forma rápida, precisa y relativamente barata. Gracias a ello se han abierto campos de aplicación antes inimaginables; sin embargo, también han surgido nuevas preocupaciones. Persisten riesgos como las mutaciones no deseadas, la posible transmisión involuntaria de cambios a la descendencia y la incertidumbre sobre los efectos a largo plazo. La tensión entre promesa y peligro atraviesa todo el debate sobre la ingeniería genética.

Pese a estas reservas, los beneficios potenciales de CRISPR son notables. En embriones, por ejemplo, permite modificar genes objetivos con mucha más rapidez que las tecnologías previas. Además, el uso de herramientas informáticas avanzadas mejora cada vez más la precisión de la edición.

La ingeniería genética no se limita a curar enfermedades: también puede prevenirlas. La identificación de marcadores genéticos permite detectar predisposiciones antes de que aparezcan los síntomas, abriendo la puerta a intervenciones tempranas y tratamientos personalizados. Entre las posibilidades en estudio se incluyen la corrección de mutaciones asociadas al Alzheimer o a la esclerosis lateral amiotrófica (ELA). No obstante, la prudencia sigue siendo indispensable: la historia muestra que las consecuencias no previstas de tecnologías poderosas a menudo emergen décadas después.

El caso del VIH ilustra bien tanto el potencial como las limitaciones actuales. CRISPR/Cas9 se ha usado para desactivar el gen CCR5, cuya presencia permite al virus entrar en las células humanas. Aunque la idea es prometedora, persisten dificultades técnicas —como desarrollar vectores eficaces para introducir la edición en las células infectadas— y obstáculos sociales, como el estigma y la desigualdad en el acceso a los tratamientos. La genética, por sí sola, no basta para resolver problemas complejos sin políticas públicas integrales.

El transhumanismo suele asociarse a la modificación genética, pero incluso sus defensores más elaborados ponen límites claros. Julian Savulescu y Peter Singer criticaron duramente el experimento del científico chino He Jiankui, que afirmó haber editado el gen CCR5 en las gemelas Nana y Lulu para hacerlas resistentes al VIH[85]. Las objeciones de Savulescu y Singer fueron éticas: las niñas fueron expuestas a riesgos imprevisibles sin un beneficio proporcional, que además podía alcanzarse por vías menos peligrosas[86].

En 2019, un grupo internacional de genetistas pidió en *Nature* una moratoria en la edición heredable del genoma humano hasta aclarar los riesgos para las futuras generaciones. Poco después, la OMS respaldó esta recomendación.

B) TERAPIA GÉNICA

La ingeniería biológica aplicada a la medicina se concreta principalmente en dos grandes áreas: las terapias celulares y la medicina regenerativa. En las primeras, las propias células del paciente se transforman en herramientas terapéuticas. En la medicina regenerativa, el objetivo es reparar o reconstruir tejidos dañados.

Un ejemplo emblemático son las terapias con células CAR-T. En ellas, se extraen linfocitos T del paciente y se modifican genéticamente para que reconozcan y ataquen células tumorales. Una vez reinsertados, estos linfocitos actúan con una precisión extraordinaria. En algunos casos de cánceres resistentes, las remisiones superan el 80 %, algo impensable hace apenas unos años.

La medicina regenerativa también avanza con rapidez. Desde los trasplantes de médula ósea hasta la impresión 3D de tejidos, la meta es ambiciosa: regenerar en vez de reemplazar. En laboratorios de todo el mundo ya se imprimen piel, cartílago y vasos sanguíneos usando «biotintas» compuestas por células vivas. Aunque los órganos completos aún pertenecen al futuro, los avances hacen pensar que podrían ser una realidad en una generación.

CRISPR ha transformado igualmente la terapia génica, facilitando la corrección precisa de mutaciones responsables de diversas enfermedades. Sin embargo, persisten retos importantes, como los efectos secundarios o la dificultad de dirigir la edición a los tejidos adecuados. Aun así, los ensayos clínicos para tratar anemia falciforme, cáncer cervical o incluso COVID-19 muestran que es un campo con enorme proyección.

c) Biología sintética

Si la edición genética corrige, la biología sintética crea. Esta disciplina aplica principios de ingeniería al diseño de organismos vivos, combinando genes y secuencias de ADN como si fueran piezas modulares —los llamados *BioBricks*— para construir sistemas biológicos con funciones específicas. Con este enfoque puede, por ejemplo, programarse una bacteria para detectar contaminantes en el agua, emitir una señal luminosa o producir medicamentos directamente en el intestino.

Las aplicaciones son sorprendentes. En medicina, levaduras modificadas producen artemisinina, un fármaco esencial contra la malaria, de forma más económica. En la industria textil, se desarrollan bacterias capaces de generar seda de araña, un material extremadamente resistente. Y en el ámbito ambiental se investiga la creación de organismos que capturen carbono atmosférico más eficazmente que las plantas.

Pero quizá su impacto más profundo sea filosófico: al diseñar vida en el laboratorio, se difuminan las fronteras entre lo natural y lo artificial. ¿Es «vida» algo ensamblado a partir de ADN sintético? ¿O constituye una nueva forma de existencia creada con un fin concreto? Estas preguntas trascienden lo técnico.

d) Clonación de seres humanos

La clonación humana es una de las biotecnologías más controvertidas. Consiste en producir individuos genéticamente idénticos y puede lograrse principalmente de dos maneras: la fisión gemelar y la transferencia nuclear.

La fisión gemelar es la división de un embrión en etapas tempranísimas del desarrollo que da lugar a dos individuos idénticos. Es un proceso natural en el caso de los gemelos monocigóticos, pero puede reproducirse artificialmente. Esta posibilidad plantea escenarios inquietantes: de dos embriones clonados, uno podría congelarse como «reserva» para un posible uso futuro, incluso como fuente de tejidos compatibles.

La transferencia nuclear, por su parte, implica extraer el núcleo de un óvulo e introducir en él el núcleo de una célula adulta de la misma especie. Este núcleo, en el entorno adecuado, recupera su capacidad totipotente y origina un individuo genéticamente idéntico al donante. Se trata, en esencia, de una forma de reproducción asexual que permitiría —al menos teóricamente— crear múltiples copias de un mismo individuo[87].

Estas ideas, al aplicarse a seres humanos, chocan con principios éticos fundamentales: la dignidad de la reproducción humana, la relación entre sexualidad y procreación y los derechos del individuo clonado. Incluso si la finalidad fuera puramente experimental, el juicio ético no se suaviza; más bien se agrava.

El bioético estadounidense Leon R. Kass defendió una prohibición universal de la clonación humana. En su influyente artículo «La sabiduría de la repugnancia»[88], argumentó que el rechazo instintivo que provoca la clonación expresa una intuición moral profunda. Según Kass, una sociedad que acepta la clonación corre el riesgo de transformar la procreación en fabricación y a los hijos, en productos de proyecto parental, debilitando la individualidad y abriendo la puerta a fantasías eugenésicas.

E) OTROS ÁMBITOS DE LA INGENIERÍA GENÉTICA

La ingeniería genética también explora en campos más allá de la salud, como el deporte. El dopaje genético —modificar genes para mejorar el rendimiento— está prohibido por la Agencia Mundial Antidopaje, pero plantea preguntas relevantes: ¿cambiaría la esencia del deporte si todos pudieran acceder a estas mejoras? ¿Hasta qué punto sería seguro? Los riesgos para la salud siguen siendo elevados, y la ciencia continúa perfeccionando métodos de detección basados en PCR, secuenciación genética o incluso herramientas derivadas de CRISPR.

Aunque intervenir en características complejas requiere superar la interacción de múltiples genes, los avances en animales son notables. Editar el gen *Tyr* en ratones permite cambiar su pigmentación sin efectos indeseados detectables. La manipulación del gen de la miostatina altera drásticamente la masa muscular. Estos ejemplos muestran tanto el potencial como la necesidad de cautela.

Modificar el comportamiento resulta aún más delicado. Se han identificado genes relacionados con rasgos como la agresividad, el altruismo o la toma de decisiones. Intervenir en ellos suscita cuestiones sobre identidad, libertad y diversidad. Aunque podría tener aplicaciones terapéuticas en trastornos psiquiátricos, también abre escenarios inquietantes, como sociedades más uniformes o controles autoritarios de la conducta.

La aplicación militar es otro ámbito preocupante. Investigaciones para crear soldados más resistentes, menos vulnerables al estrés o protegidos contra armas químicas ilustran los riesgos. Sin marcos regulatorios sólidos, estas tecnologías pueden alimentar una nueva carrera armamentista genética y vulnerar derechos humanos básicos.

Conclusión

La ingeniería genética humana es uno de los campos más transformadores y polémicos de la ciencia actual. Sus aplicaciones abarcan la medicina, la prevención de enfermedades, el deporte, el comportamiento y hasta la defensa militar. Promete no solo curar y prevenir, sino redefinir aspectos fundamentales de la biología humana.

Pero este poder sin precedentes implica responsabilidades igualmente grandes. Aprovechar sus beneficios sin ignorar sus riesgos exige una reflexión ética rigurosa, marcos regulatorios robustos y una vigilancia constante sobre sus implicaciones sociales y filosóficas.

3.2. NANOTECNOLOGÍA Y NANOMEDICINA

a) Definición y evolución de la nanotecnología

La nanotecnología estudia el funcionamiento de lo extraordinariamente pequeño y aprovecha ese conocimiento en campos tan diversos como la química, la biología, la física, la ciencia de materiales o la ingeniería. Hablamos de la tecnología de lo diminuto, de estructuras invisibles al ojo humano cuyas dimensiones oscilan entre 1 y 100 nanómetros. ¿Y qué es un nanómetro? La millonésima parte de un milímetro. Para ponerlo en perspectiva: si un cabello humano mide aproximadamente una décima parte de un milímetro de diámetro, un nanómetro es cien mil veces más pequeño.

Nuestra imaginación tropieza ante magnitudes tan minúsculas. Decir que un filamento de ADN mide 2,5 nanómetros o que un átomo de oro tiene 0,3 nanómetros tal vez no ayude demasiado. Pero esta comparación sí suele funcionar: un nanómetro es al metro lo que un metro es al diámetro de la Tierra. Se trata, en definitiva, de un universo atómico —o casi— accesible únicamente mediante herramientas de observación sofisticadas y extremadamente precisas.

El germen de la nanotecnología moderna apareció en 1959, cuando el físico Richard Feynman pronunció una célebre conferencia ante la Sociedad Americana de Física. Años después,

Norio Taniguchi acuñó el término «nanotecnología» para describir sus investigaciones sobre máquinas de ultraprecisión. El concepto moderno de nanotecnología se popularizó en los años ochenta gracias al ingeniero Eric Drexler, quien imaginó «máquinas moleculares» capaces de construir estructuras átomo a átomo[89]. Aunque su propuesta era más especulativa que realista, abrió el camino para que la ciencia explorara seriamente la manipulación de la materia a esa escala. No obstante, la disciplina nació realmente en 1981, con la invención del microscopio de efecto túnel, el primer instrumento capaz de «ver» átomos individuales.

Hoy, científicos e ingenieros emplean la nanotecnología para diseñar materiales más resistentes, más ligeros, más reactivos o con propiedades ópticas inéditas. Pero, aunque cueste creerlo, esta práctica tiene raíces antiguas. Los romanos, al aplicar altas temperaturas a distintos materiales, ya obtenían efectos que hoy consideramos nanotecnológicos. El vidrio dicroico de la famosa Copa de Licurgo —verde opaca desde fuera y rojo brillante desde dentro— es un ejemplo clásico producido gracias a nanopartículas de oro y plata.

A lo largo de la Edad Media, tanto artesanos árabes como cristianos descubrieron cómo incorporar nanopartículas metálicas en cerámicas y vidrieras. Las catedrales europeas deben buena parte de sus colores intensos a nanopartículas de oro, que además actúan como purificadores del aire mediante procesos fotocatalíticos.

El verdadero salto científico llegó en el siglo XX. En 1936, Erwin Müller inventó el microscopio de emisión de campo, con resolución atómica. En 1981, Gerd Binnig y Heinrich Rohrer, desde los laboratorios de IBM en Zúrich, crearon el microscopio de efecto túnel —instrumento que permite visualizar superficies a nivel atómico—, hazaña que les valió el Nobel en 1986. No tardaron en llegar nuevas revoluciones: en 1986, se presentó el microscopio de fuerza atómica, y, en 1989, Don

Eigler y Erhard Schweizer lograron manipular 35 átomos de xenón, dando inicio a la nanotecnología aplicada.

Los años noventa vieron nacer las primeras empresas dedicadas al sector, mientras los descubrimientos se aceleraban. En 1991, Sumio Iijima describió los nanotubos de carbono, estructuras con propiedades mecánicas y conductivas extraordinarias. Poco después, se desarrollaron los materiales catalíticos MCM-41 y MCM-48, hoy indispensables en industrias químicas y farmacéuticas. En 1993, Moungi Bawendi ideó un método para sintetizar puntos cuánticos de manera controlada, abriendo la puerta a aplicaciones en computación, biología e iluminación de alta eficiencia.

A finales de los noventa comenzaron a llegar al mercado los primeros productos comerciales basados en nanotecnología: pinturas automotrices más resistentes, pelotas de golf más estables en vuelo, raquetas y bates más rígidos, ropa antibacteriana, cosméticos más eficaces, recubrimientos antirrayado, baterías de carga rápida... La revolución acababa de empezar.

b) Expansión nanotecnológica

Hoy, la nanotecnología transforma sectores enteros: informática, energía, seguridad alimentaria, transporte, construcción, electrónica, medio ambiente y medicina, entre muchos otros. La lista de aplicaciones crece sin cesar en diversos ámbitos:

Así, en el sector de la electrónica e informática, la nanotecnología ha permitido construir transistores cada vez más pequeños y rápidos. A comienzos del siglo XXI, medían entre 130 y 250 nanómetros; en 2014, Intel presentó transistores de 14 nm; en 2015, IBM bajó a 7 nm; y en 2016, se logró uno de tan solo 1 nanómetro.

Gracias a estos avances, pronto toda la memoria de un ordenador cabrá en un único chip diminuto. Tecnologías como la MRAM, basada en uniones magnéticas nanométricas, permitirán que los ordenadores arranquen al instante y almacenen datos con gran rapidez y seguridad. El resultado son dispositivos ultraligeros, flexibles, plegables y cada vez más invisibles: audífonos casi imperceptibles, pantallas flexibles, recubrimientos antibacterianos, lectores electrónicos enrollables... La ciencia ficción comienza a materializarse.

En el ámbito energético, la nanotecnología mejora tanto los combustibles tradicionales como las energías renovables. En redes eléctricas, los nanotubos de carbono reducen pérdidas. En energía solar, los paneles del futuro serán ligeros, flexibles e incluso pintables, convirtiendo cualquier superficie en una captadora de luz.

En cuanto al medio ambiente, nanopartículas y nanofiltros permiten depurar aguas contaminadas sin necesidad de extraerlas del subsuelo. Nanofibras capaces de absorber petróleo o partículas magnéticas que separan hidrocarburos del agua prometen una respuesta más rápida ante accidentes ambientales. Los sensores nanométricos, por su parte, permiten detectar toxinas, agentes químicos o patógenos con una sensibilidad sin precedentes.

A nivel industrial, la nanoingeniería transformará sectores enteros: baterías ultracompactas y de altísima capacidad, vehículos más ligeros y seguros, tejidos inteligentes con funciones inéditas, alimentos personalizados, materiales de construcción prácticamente inalterables, etc.

En el dominio del transporte, nanocompuestos y nanoaditivos permitirán construir vehículos más ligeros, resistentes y eficientes. Según estudios preliminares de la NASA, los nanomateriales avanzados podrían duplicar la resistencia estructural de una nave y reducir su peso en más del 60 %, con enormes implicaciones para el transporte aéreo y espacial.

Pantallas flexibles, dispositivos transparentes y enrollables, ordenadores integrados en la ropa..., incluso tatuados en la piel. La frontera entre tecnología y cuerpo humano se difumina.

c) Los avances de la nanomedicina

La nanomedicina —la aplicación de la nanotecnología al ámbito biomédico— se ha convertido en una de las fronteras más prometedoras, pero también más problemáticas, de la ciencia actual.

Desde un punto de vista general, la nanomedicina puede definirse como el uso de materiales y dispositivos de tamaño nanométrico con fines médicos, con la intención última de mejorar la calidad de vida. Aunque esta definición parece sencilla, encierra una idea clave: la posibilidad de manipular la biología humana a un nivel de precisión sin precedentes. De hecho, muchas propiedades de los nanomateriales —su comportamiento químico, óptico o biológico— dependen directamente de su pequeño tamaño, lo que permite diseñar sistemas que interactúan con células y moléculas de manera extremadamente selectiva.

Como ocurre con otras «tecnociencias convergentes», la nanomedicina surge de la unión de química, física, biología e ingeniería. Su desarrollo abarca desde la creación de nuevos materiales en el laboratorio hasta su uso clínico. Por tanto, las definiciones de nanomedicina han oscilado entre interpretaciones amplias —que incluyen cualquier material médico nanométrico— y otras más estrictas, centradas en la intervención directa en procesos celulares. En todos los casos aparece un elemento común: el deseo de controlar la materia viva desde dentro, a nivel molecular.

La nanomedicina abre la puerta a diagnósticos ultrarrápidos y tratamientos de una precisión nunca vista. Las nanopartículas de oro, por ejemplo, pueden detectar secuencias concretas de ADN y se investigan como herramientas para tratar cáncer y enfermedades degenerativas. Las patologías en las que ya está teniendo impacto —cáncer, enfermedades cardiovasculares, infecciosas o raras— muestran su enorme potencial terapéutico.

En medicina, se vislumbra un futuro en el que minúsculos agentes terapéuticos naveguen por el organismo para reparar células o eliminar tumores con una precisión mil millones de veces superior a la cirugía tradicional. La regeneración ósea, la creación de órganos funcionales o la reparación de tejidos nerviosos son líneas activas de investigación con resultados prometedores.

Se ensayan nanopartículas capaces de limpiar arterias imitando las funciones del colesterol HDL, materiales que regeneran huesos y tejidos complejos, y estructuras basadas en grafeno que podrían ayudar a reparar lesiones medulares. Todo ello apunta hacia terapias menos invasivas, más eficientes y personalizadas.

Un ejemplo muy conocido son las vacunas de ARN mensajero contra la COVID-19. Su eficacia dependió del uso de nanopartículas lipídicas capaces de proteger el ARN hasta su entrada en las células. Este caso demuestra que la nanomedicina ya no es una propuesta futurista, sino una realidad presente. Pese a ello, entre el laboratorio y la práctica clínica sigue existiendo un «cuello de botella»: la necesidad de garantizar la seguridad, la biocompatibilidad y la regulación de estos nuevos materiales.

d) Principales tipos de nanomateriales

El catálogo de nanomateriales utilizados hoy en medicina es muy amplio. Entre los más relevantes figuran:

1. *Liposomas:* vesículas con una membrana lipídica que permiten transportar fármacos hidrosolubles. Su empleo en fármacos como la doxorrubicina liposomal supuso un hito en la liberación controlada de medicamentos.
2. *Micelas poliméricas:* estructuras con un núcleo hidrofóbico que favorecen la circulación en sangre y el paso por barreras biológicas.

3. *Nanotubos de carbono:* extremadamente resistentes y versátiles, podrían servir como vehículos de moléculas bioactivas.

4. *Nanopartículas de oro y puntos cuánticos:* útiles para diagnóstico por su particular comportamiento óptico; los puntos cuánticos destacan por su enorme sensibilidad, aunque su toxicidad limita su uso.

5. *Nanopartículas de óxido de hierro:* su magnetismo permite aplicaciones en imagen médica y en hipertermia para destruir tejido tumoral.

6. *Fullerenos y vesículas extracelulares,* entre otros, completan el repertorio de materiales emergentes.

En muchos casos, diagnóstico y tratamiento se integran en un único sistema multifuncional, dando lugar a la llamada *teragnosis,* un enfoque que combina detección y terapia para lograr intervenciones más precisas.

E) Nanopartículas como sistemas de transporte

Una de las grandes ventajas de las nanopartículas es su capacidad para actuar como vehículos de fármacos. Entre los beneficios destacan:

1. Control más preciso de la distribución del medicamento.
2. Reducción de efectos secundarios.
3. Mayor capacidad de carga.
4. Posibilidad de combinar distintas funciones (diagnóstico, liberación, seguimiento).
5. El llamado «efecto caballo de Troya», que permite introducir fármacos directamente en células específicas.

Esto supone un cambio significativo frente a la farmacología tradicional, basada en la administración de dosis generales que se distribuyen por todo el cuerpo. Con la nanomedicina, en cambio, la intervención aspira a ser localizada y altamente selectiva.

F) Desafíos en nanomedicina

Uno de los retos más importantes es atravesar la barrera hematoencefálica, que bloquea la entrada de muchos fármacos al cerebro. La encapsulación en liposomas o nanopartículas abre nuevas posibilidades para tratar enfermedades neurodegenerativas como el alzhéimer o el párkinson. Aquí convergen la neurociencia, la física de materiales y la bioingeniería, constituyendo una de las áreas más complejas del campo.

En medicina regenerativa, los nanomateriales se utilizan como «andamios» que guían la reconstrucción del tejido dañado. Al imitar la matriz extracelular natural, pueden orientar el crecimiento y la diferenciación celular. El uso de nanofibras y biomateriales inteligentes para regenerar tejidos nerviosos o medulares constituye un avance especialmente notable, aunque plantea preguntas éticas sobre los límites de la intervención humana en la biología, como veremos en el siguiente apartado.

G) Riesgos y dilemas éticos

La nanotecnología también presenta riesgos. Un ejemplo es el uso creciente de nanopartículas de plata en productos de consumo como textiles o dispositivos médicos. Aunque eficaces como antimicrobianos, pueden resultar tóxicas para microorganismos beneficiosos y ecosistemas acuáticos. Esto introduce una dimensión ética y ecológica crucial: el contraste entre la rapidez del avance tecnológico y la capacidad de la sociedad para evaluar sus impactos.

A esto se suman dilemas más amplios: ¿hasta qué punto es aceptable manipular procesos biológicos fundamentales? ¿Qué consecuencias tiene depender de tecnologías cada vez más complejas? ¿Puede la miniaturización del poder médico transformar nuestra idea misma de cuerpo, salud y enfermedad?

La nanomedicina forma parte de una transformación más amplia hacia un modelo de medicina tecnocientífica basado en la intervención de procesos a niveles cada vez más pequeños. Esto redefine la noción de «vida» como algo potencialmente diseñable y exige desarrollar una ética de la manipulación molecular.

Los llamados «nanobots» —micromáquinas aún hipotéticas capaces de reparar tejidos o distribuir fármacos de manera autónoma— representan la culminación imaginada de esta tendencia: dispositivos invisibles que actuarían como «médicos internos».

Conclusión

La nanotecnología es una de las fuerzas transformadoras más poderosas de nuestro tiempo. Su impacto atraviesa disciplinas, industrias y formas de vida. Nos conduce hacia una sociedad profundamente distinta, en la que los materiales, la energía, el transporte, la información y la medicina, funcionarán de maneras radicalmente nuevas. No estamos ante una simple evolución tecnológica: estamos ante una redefinición completa del mundo que habitamos.

La nanomedicina no es solo una nueva herramienta, sino un cambio profundo en nuestra relación con la biología. Su enorme potencial terapéutico convive con riesgos ambientales, dilemas éticos y desafíos sociales. Su futuro dependerá no solo de perfeccionar los materiales y técnicas, sino de construir una cultura científica y ética capaz de acompañar su desarrollo. Como ocurre con cualquier tecnología poderosa, su promesa es ambivalente: puede mejorar la vida humana, pero también convertir el cuerpo en un sistema cada vez más manipulable.

En ese equilibrio se juega, probablemente, parte del destino de la medicina del siglo XXI.

3.3. LA MEDICINA ANTIENVEJECIMIENTO Y LA LONGEVIDAD EXTENDIDA

Actualmente vivimos el auge de una nueva especialidad médica: la medicina antienvejecimiento, tan conocida generalmente por su denominación inglesa: *anti-aging medicine*. A su reconocimiento médico —sus bases biológicas y bioquímicas, su creciente aplicación clínica— se une una expectación social, manifestada en todos los medios de comunicación, y en la inquietud de muchas personas, que se preocupan por conocer sus fundamentos y sus principales logros, a veces con perspectivas exageradas.

Para el transhumanismo, el envejecimiento es el principal enemigo que combatir, ya que conduce inexorablemente a la enfermedad, el sufrimiento y la muerte. La batalla contra el envejecimiento se concibe como una lucha contra la principal causa de mortalidad humana. Esto explica la ambición del proyecto transhumanista de atacar la raíz misma del envejecimiento, revirtiendo y enlenteciendo este proceso biológico. No obstante, no se trata solo de prolongar la esperanza de vida; se persigue «crecer sin envejecer, conservando una condición o calidad de vida aceptable»[90].

La formación en informática permitió al gerontólogo Aubrey De Grey desarrollar una aproximación ingenieril al envejecimiento. De Grey es el creador de la Fundación para la Investigación de la Senescencia Negligible Ingenierizada —en inglés *SENS Research Foundation*—, cuyo objetivo es reparar el daño y evitar el efecto acumulativo del envejecimiento. El objetivo inmediato de la guerra contra el envejecimiento es conseguir la «velocidad de escape de la longevidad», que se alcanzará cuando las terapias de antienvejecimiento logren añadir años a la esperanza de vida.

Según De Grey, si se invierte en este campo, hay grandes posibilidades de lograr dicha velocidad de escape en 25 o 30 años[91]. Aunque De Grey no ofrece la fórmula de la inmortalidad, sostiene que la aplicación de SENS permitiría obtener una esperanza de vida cercana a los 1000 años. Los senderos en esta línea son la terapia basada en células madre y —aún en experimentación— el alargamiento de los telómeros, más conocida como WILT (*whole-body interdiction of lenghthening of telomeres*)[92].

Los términos «longevidad» y «duración de la vida» aluden a conceptos relacionados con la biología y con la evolución de las células y órganos que componen los cuerpos de los seres vivos, y transformaciones con el transcurrir de su vida. En el caso del ser humano, la longevidad posee importantes conexiones con aspectos demográficos de la sociedad, y aspectos sociológicos del individuo. En general, tiene que ver con la duración de vida de un ser humano o de un organismo biológico y se utiliza con más frecuencia con referencia a la ancianidad o la edad de un ser vivo, por ejemplo, la longevidad de un árbol. Las reflexiones sobre la longevidad van habitualmente ligadas al reconocimiento de la brevedad humana e incluyen discusiones sobre métodos para extenderla más allá del límite tenido como normal. El tema ha sido no solo una preocupación de la ciencia, sino también de la literatura de viajes, ciencia ficción y novelas utópicas.

Históricamente, existe bastante dificultad en encontrar la mayor duración de la vida humana, incluso con las modernas técnicas estandarizadas de verificación, debido a fechas de nacimiento inexactas o incompletas. Múltiples leyendas en las diferentes culturas y contextos religiosos han pretendido extraordinarias longevidades, tanto en el remoto pasado, como la de Matusalén en la Biblia, como en el decurso posterior. En lo que respecta a la Edad de bronce, la persona más longeva de la que se tenga constancia, y que había vivido y muerto en este período, fue el faraón Ramses II, que vivió 91 años, algo que ha sido corroborado rigurosamente por análisis de su momia y otras evidencias. Se han propuesto otros candidatos, como Pepi II, que se cree llegó a vivir 100 años, sin embargo, es objeto de debate si este faraón alcanzó dicha edad.

Una notable declaración de Diógenes Laercio —alrededor del 250 d. C.— es la más antigua referencia acerca de una plausible longevidad centenaria aceptada por la ciencia. Diógenes declaró que el astrónomo Hiparco de Nicea aseguraba que el filósofo Demócrito de Abdera había vivido 109 años —nació aproximadamente entre el 470 a. C. y el 460 a. C. y murió entre el 370 a. C. y el 360 a. C.—. Otras referencias de otros pensadores de la antigüedad griega corroboran el dato de que Demócrito había vivido más de cien años. La posibilidad de que ello sea cierto también es respaldada por el dato que la mayoría de los filósofos de la Antigua Grecia vivieron más de 90 años. Algunos ejemplos:

a. Jenófanes de Colofón, a. 570/565-a. 475/470 a. C.
b. Pirrón de Elis, c. 360-a. 270 a. C.
c. Eratóstenes de Cirene, a. 285-a. 190 a. C.

Pero el caso de Demócrito es diferente del caso de, por ejemplo, Epiménides de Cnosos —vivió entre los siglos VII y VI a. C.— sobre el cual algunos pensadores del siglo pasado dicen que vivió 154, 157 e incluso 290 años, un dato que no ha sido verificado por la ciencia.

La esperanza de vida es la media de la cantidad de años que vive una cierta población en un cierto período. Se suele distinguir la masculina de la femenina, y se ve influida por factores como la calidad de la medicina, la higiene, las guerras, etc., si bien actualmente se suele referir únicamente a las personas que tienen una muerte no violenta. La esperanza de vida como indicador social es utilizada por los sociólogos para medir el grado de desarrollo de un país, pero los datos pueden ser relativos en tal sentido, porque pueden ser alterados por guerras, epidemias, violencia y otros fenómenos diferentes a los indicadores económicos. En muchos casos, personas de países subdesarrollados o en vías de desarrollo o de culturas naturales pueden tener una gran longevidad que contradice el supuesto de que, a mayor desarrollo, mayor esperanza de vida.

Personas que sobrepasan los cien años no son solo del interés científico, sino también del público en general interesado en alargar de manera saludable sus años de vida. El Grupo Gerontológico de Investigación, fundado entre 1990 y 1992 en Los Ángeles[93], busca personas que hayan superado los 110 años de edad y ha incluido en su lista el nombre de las siguientes personas:

a. Jeanne Calment (1875-1997): Es la mujer y persona de la contemporaneidad que ha sido científicamente documentada que vivió exactamente 122 años y 164 días, siendo la persona más longeva de todos los tiempos.
b. Jiroemon Kimura (1897-2013): El hombre más longevo verificado de la historia vivió 116 años y 54 días.

Los lugares con más longevos del mundo, las llamadas zonas azules, son Acciaroli —en Cilento, Campania, Italia—, donde, de 800 habitantes, 81 superan los cien años, al parecer por sus bajos índices de adrenomedulina[94]; la isla japonesa de Okinawa; la Península de Nicoya en Costa Rica; la isla de Cerdeña; la griega de Icaria —en que la media de fallecimiento es de 90 años— y Loma Linda, California[95], donde reside una comunidad de adventistas del séptimo día.

Está demostrada estadísticamente la correlación entre larga vida y el trinomio ejercicio, dieta y apropiado descanso, y, además, los centenarios tienden a ser delgados e ingerir, de media, menos calorías que el resto de la población. La esperanza de vida del ser humano se ha incrementado tres meses al año desde 1840, gracias a los cambios introducidos para reducir las amenazas del entorno —dieta equilibrada, avances médicos, seguridad social, jornada de ocho horas...—. En cuatro generaciones la esperanza de vida ha avanzado más que en 6,6 millones de años de evolución[96].

Numerosos centros de investigación del tema intentan buscar alternativas para aumentar el nivel de longevidad humano a través de elementos como la hormona del crecimiento, antioxidantes —la presencia de oxidantes en la sangre ha demostrado ser uno de los principales factores de envejecimiento en experimentos con animales—, evitar la destrucción de los telómeros, la criónica, agentes que imitan la restricción calórica, la minimización del consumo de insulina, hasta cambios en la dieta. Algunos estudios indican que poseer el gen FOXO3A convierte a un linaje en centenario[97]; este gen también se encuentra implicado en la longevidad de los animales. El resveratrol, las sirtuinas y la rapamicina se han demostrado como los agentes químicos de longevidad más prometedores.

Por otra parte, en 2013, se ha descubierto un mecanismo más del envejecimiento que puede ser revertido. Es el producido por el progresivo deterioro de los mecanismos químicos de comunicación entre el núcleo de las células y las mitocondrias. Ambos interactúan para asegurar un funcionamiento celular saludable y correcto por medio de una serie de eventos moleculares que permiten esta comunicación interior y, cuando esta comunicación se rompe, vicia o hace confusa, el envejecimiento se acelera.

Mediante la administración de una molécula producida naturalmente por el cuerpo humano, los científicos restauraron estas redes de comunicación intracelular en ratones viejos y muestras de tejido posteriores mostraron características biológicas clave que fueron comparables a las de ratones mucho más jóvenes en al menos tres indicadores básicos de buena salud: resistencia a la insulina —una condición que eleva el riesgo de diabetes—, inflamación —relacionada con el cáncer y enfermedades cardiovasculares— y, quizá la más importante, el desgaste muscular[98].

Sin embargo, cambios climáticos, crisis alimentarias, conflictos bélicos y otros podrían incidir en el anhelo de gran longevidad en las sociedades humanas. Los países industrializados, que han reducido su nivel de natalidad a cifras alarmantes como España, Italia e incluso los Estados Unidos, tendrán cada vez sociedades más envejecidas durante el siglo XXI, lo que incidirá en la preocupación por prolongar la vida.

Una mejor atención médica, dietas más ricas y sociedades más pacíficas en países ricos, tienen sin duda consecuencias positivas en el aumento del grado de esperanza de vida de sus pobladores, al contrario de lo que sucede en países pobres, en donde las atenciones de salud son menores, hay mayores peligros de epidemias, problemas en la alimentación y conflictos bélicos. Al mismo tiempo, problemas como la obesidad, la diabetes, la hipertensión arterial, las enfermedades cardiovasculares, el cáncer, el suicidio y otros problemas comunes a sociedades más industrializadas, amenazan el grado de longevidad.

Desde 1840, el nivel de vida humano a nivel global ha subido considerablemente, siendo mayor para las mujeres que para los varones con una diferencia promedio de tres años en todo el mundo. Para muchos observadores, el tope del nivel de vida puede seguir subiendo en el presente siglo. La esperanza de vida femenina ha aumentado, según los expertos, debido al avance de la medicina en lo que tiene que ver con el parto, causa de mortalidad femenina principal antes del siglo XIX y que hoy sigue presente en países de extrema pobreza[99].

En la especie humana, la longevidad es una característica multifactorial cuantitativa afectada por factores genéticos y ambientales. La heredabilidad de la longevidad se ha establecido en aproximadamente un 25 % para los gemelos monocigóticos y un 11 % para los mellizos, aunque un reciente estudio ha establecido que las diferentes estimaciones de heredabilidad podrían estar infladas debido al emparejamiento selectivo, dejando el porcentaje de heredabilidad real por debajo del 10 %[100].

Estudios realizados comparando hermanos que pertenecían a familias excepcionales frente a familias controles se vieron diferencias significativas relacionadas con la longevidad, asociadas a un *locus* del cromosoma 4. En este locus se identificó un marcador en el gen que codifica la proteína de transferencia microsomal (PTM), como un posible modificador de la longevidad humana. La PTM participa en la síntesis de diversos tipos de lipoproteínas (HDL y LDL). Su actividad en personas longevas se relaciona con el menor riesgo de enfermedad cardiovascular, que es una de las principales enfermedades en personas de la tercera edad.

En humanos, se han identificado 3 variantes de FOXO3 asociadas a longevidad. Todas ellas están relacionadas con la inducción de la expresión de FOXO3 y además se cree que podrían provocar la respuesta al estrés celular. En concreto, FOXO3 es un gen que está relacionado con la protección del estrés oxidativo[101]. En organismos modelos como los ratones se ha encontrado que hay homólogos del SIR2 de levaduras en mamíferos, pero la más relacionada es SIRT1 que se ha demostrado que reprime en mamíferos a FOXO3a, un homólogo de DAFT 16. FOXO3a protege a las células de mamíferos frente al estrés oxidativo estimulando tanto la reparación del ADN como las actividades de defensa antioxidante.

Programas como los de Altos Labs o Rejuvenate Bio investigan la reprogramación celular parcial mediante factores de Yamanaka para revertir el envejecimiento[102]. La combinación de epigenética, metagenómica y análisis de biomarcadores permitirá personalizar estrategias de rejuvenecimiento a nivel molecular. Sin embargo, esta confianza parece haber recibido un jarro de agua fría con la publicación de un artículo en *Nature* en el que se establecía un límite para la duración de la vida humana en torno a los 120 años[103].

Habrá que dar tiempo para que el debate científico se asiente y establezca si esta conclusión es correcta y significa que estamos ante un obstáculo insalvable para la prolongación de la vida debido a causas biológicas o si se trata solo de un estancamiento debido a que no disponemos aún de la tecnología adecuada, por lo que aún hay razones para mantener el optimismo. Los propios autores del artículo no se alinean con los más derrotistas, aunque señalan que la cuestión puede ser más compleja de lo previsto.

3.4. LA CRIÓNICA Y EL SUEÑO DE LA INMORTALIDAD

El diagnóstico de la muerte se basa en dos criterios principales: la pérdida irreversible de la circulación sanguínea y el cese de todas las funciones cerebrales, incluyendo el tronco encefálico. Una definición ampliamente aceptada, particularmente entre neurólogos, establece que la muerte ocurre cuando se manifiesta la pérdida irreversible de la conciencia. En este contexto, se plantea la cuestión sobre si los cambios bioquímicos que tienen lugar durante el proceso de la muerte y los daños celulares resultantes, como la necrosis, podrían eventualmente ser revertidos o reparados en el caso de que un cuerpo criopreservado sea revivido en el futuro.

En su *Fábula del dragón tirano*,[104] Nick Bostrom postula uno de los objetivos más icónicos del transhumanismo radical: combatir la muerte. En esa alegoría, el dragón representa el envejecimiento, y la lucha por destruirlo simboliza el deber moral de erradicar la senescencia y prolongar indefinidamente la vida saludable. No dispuesto a dar límite alguno por sentado, Bostrom denomina «mortalistas» a los que naturalizan la muerte, y los acusa de banalizar su gravedad con justificaciones que hacen perder de vista que se trata del más universal y completo de los males. La muerte es el verdadero enemigo por vencer, aunque esto signifique el surgimiento de una nueva especie y de una nueva época, muy difíciles de imaginar.

Con este propósito último de anular la muerte prematura, esto es, la muerte que se contrapone a los deseos del sujeto, el transhumanismo apoya dos líneas de acción distintas. La primera línea de acción postula que la única forma definitiva de triunfo sobre la mortalidad no puede descansar en la modificación de la biología sino en su completa prescindencia. Solo la transferencia mental o volcado digital de la conciencia *(mind uploading)* a un soporte no orgánico podría asegurar la supervivencia indefinida de la persona humana. Hans Moravec y Ray Kurzweil se cuentan entre los defensores más conspicuos de esta tesis.

La idea de transferir la mente humana a un soporte digital fue esbozada por el científico y escritor Arthur C. Clarke, que proyectaba una suerte de inmortalidad electrónica a través de la transferencia de la propia identidad psicológica (conciencia, recuerdos) a un PC. Su intuición ha sido acogida por varios autores que la ven como un camino hacia la inmortalidad. Analizada por el filósofo David Chalmers y defendida por los científicos informáticos Ray Kurzweil y Hans Moravec, dentro del programa transhumanista, esta tesis es la más audaz y compleja. En efecto, la transferencia del intelecto desde un sustrato biológico —cerebro— a un hardware artificial —PC u otro sustrato— abre un amplio debate sobre la posibilidad de existencia post-biológica y, con ella, de la preservación de la identidad personal.

Según Bostrom, mientras se conserve cierta información, el *mind uploading* mantendría la identidad de la persona, sin importar dónde se almacena tal información. Para Kurzweil, se trata de afirmar y extender la mente *(extended mind)*. Por eso, la «Era de la Singularidad» supondrá extender la mente humana hacia nuevas formas de realidad, que permitirán nuevas formas de conciencia, de identidad, de libertad y de personalidad; en definitiva, de un humanismo extensivo.

El presupuesto del que parte Kurzweil consiste en que la inteligencia puede ser artificialmente replicada o potenciada. Son reconocidas las ventajas del *mind upoloading;* esto es, de continuar existiendo como un cúmulo de información: no estar sujeto a un sustrato biológico senescente; la posibilidad de crear copias de seguridad regularmente y pensar más rápido que con un sustrato biológico. Sin embargo, no hay dentro del transhumanismo un optimismo uniforme con respecto a esta tesis.

La segunda línea de acción propuesta por los transhumanistas para conseguir la liberación de la muerte consiste en la suspensión criónica. Esta permite la conservación del cuerpo en nitrógeno líquido en espera de la curación de la patología que dio origen al deceso, por lo que es considerada el último recurso para extender la vida y, en definitiva, vencer la muerte. Actualmente, hay dos entidades norteamericanas que ofrecen la posibilidad de criogenización: desde 1972, Alcor Life Extention Foundation, y Cryonics Institute, desde 1976. En el fondo del crédito a la criogenización «está la idea de que la identidad personal esté custodiada dentro de las estructuras celulares del cerebro, y que para no perder la experiencia subjetiva de un individuo cuando sobreviene la muerte biológica, se debe salvar la información relativa en las redes neuronales».

Por «criogenización» se entiende la práctica de conservar un cuerpo mediante la congelación con el propósito de resucitarlo en el futuro. Legalmente, este proceso debe iniciarse de inmediato después de que se haya declarado que una persona ha fallecido, con el fin de prevenir posibles daños cerebrales que pueden ocurrir de manera rápida, generalmente en un lapso de cinco a diez minutos después de la muerte. El propósito fundamental de la criogenia es «suspender la vida» cuando esta se encuentra amenazada por una enfermedad incurable, con la esperanza de que en el futuro se pueda encontrar una cura para esa enfermedad[105].

El proceso criogénico se inicia únicamente después de la muerte clínica y legal del individuo, con el fin de evitar conflictos jurídicos y éticos vinculados a la eutanasia. Una vez declarado el fallecimiento, los cuerpos son sometidos a un enfriamiento progresivo y al uso de crioprotectores químicos que buscan impedir la formación de cristales de hielo, principal causa del daño celular durante la congelación. La vitrificación, entendida como el enfriamiento ultrarrápido sin formación de hielo, es presentada como el método más avanzado, aunque los expertos reconocen que incluso esta técnica genera un daño irreversible en los tejidos, particularmente en el cerebro y sus circuitos neuronales.

La criónica procura la conservación de restos humanos a muy baja temperatura —en torno a los -196 °C del nitrógeno líquido— con la esperanza de que la tecnología del futuro permita su reanimación. Sin embargo, la criónica es considerada por la comunidad científica convencional una pseudociencia o incluso una forma de charlatanería. Esta posición no se formula como una mera opinión, sino como una constatación derivada de la ausencia de evidencia empírica sobre la viabilidad de la reanimación de organismos criopreservados. Por esa razón, este apartado no será una apología de la criónica, sino una exposición crítica que da cuenta de su desarrollo histórico y de las razones científicas y éticas por las que sigue siendo objeto de escepticismo.

Desde un punto de vista científico, los avances reales pertenecen al campo de la criobiología aplicada a la medicina, no a la criónica. Los trabajos de Gregory Fahy y Brian Wowk, mencionados como hitos, permitieron vitrificar órganos animales sin formación de hielo[106], pero no implican la posibilidad de reanimar organismos complejos ni mucho menos cerebros humanos. La distinción entre preservación estructural y revivificación funcional es central: mientras la primera puede lograrse parcialmente, la segunda sigue siendo una conjetura sin base experimental.

La exposición de los datos históricos —desde el primer caso de criopreservación en 1967 con James Bedford hasta las cifras de mediados de la década de 2010— sirve para situar la criónica en su justa dimensión: se trata más de un experimento futurista y paracientífico que de un avance biomédico[107]. Los 250 cuerpos preservados y las 1500 personas inscritas en programas de criopreservación[108] son cifras minúsculas frente a la población mundial, pero revelan la persistencia del imaginario tecnófilo de la inmortalidad.

Este punto introduce una de las tensiones epistemológicas más importantes del problema: los transhumanistas a menudo confunden la conservación de la información con la persistencia de la identidad personal. Argumentan que mientras la estructura del cerebro permanezca intacta, la memoria y la personalidad podrían reconstruirse mediante nanotecnología o técnicas de «carga mental» *(mind uploading)*. Sin embargo, esta afirmación se sitúa fuera del marco empírico de la neurociencia contemporánea. No existe evidencia de que la mente sea una entidad reproducible a partir de un patrón físico congelado, ni de que la continuidad de la conciencia pueda restablecerse tras un proceso de muerte y reanimación. En consecuencia, la criónica se sostiene sobre un fundamento especulativo más propio de la ficción transhumanista que de la ciencia experimental.

Por todo esto, es pertinente una crítica al *tecnologismo* que subyace al transhumanismo: la creencia en que todo problema biológico puede ser resuelto mediante ingeniería. Este reduccionismo tecnológico, heredero del positivismo del siglo XX, desconoce la complejidad sistémica de los procesos vitales y la imposibilidad de replicar la organización dinámica que hace de un organismo algo más que la suma de sus partes.

Uno de los mayores obstáculos para el éxito de la criónica profundiza en los argumentos científicos que desacreditan la posibilidad de reanimación. La criobiología médica ha demostrado que es posible conservar células y embriones durante largos periodos, pero no organismos complejos. Los órganos grandes, al ser vitrificados, tienden a fracturarse por estrés térmico, y la toxicidad de los crioprotectores genera daños irreversibles en la estructura celular. Además, la heterogeneidad del cerebro humano —con sus múltiples regiones y tipos de tejido— hace imposible aplicar un protocolo uniforme de preservación.

Otro de los aspectos más relevantes del tema reside en las dificultades económicas que enfrenta la criónica como práctica institucional. Incluso si la reanimación futura fuera técnicamente posible, resulta improbable que las corporaciones encargadas de la criopreservación sobrevivan el tiempo suficiente para cumplir su promesa. Este argumento introduce una crítica materialista en el discurso criogenista: los «pacientes» están muertos y, por tanto, no pueden sostener económicamente su conservación.

Los primeros proyectos de la década de 1960 y 1970 fracasaron precisamente por falta de financiación y de una estructura jurídica sólida. La mayoría de los cuerpos fueron descongelados y eliminados, lo que revela la fragilidad institucional de un negocio basado en expectativas tecnológicas de muy largo plazo. Estadísticamente, la duración media de una empresa moderna es de apenas unas décadas, y solo una de cada mil supera el siglo de existencia. En este contexto, pensar en una organización que garantice la conservación de cadáveres durante siglos o milenios resulta ilusorio.

El análisis económico se completa con datos sobre los costos de los procedimientos, que oscilan entre 28.000 y 200.000 dólares en Estados Unidos, y tarifas más bajas en iniciativas rusas como KrioRus. La referencia a la financiación mediante seguros de vida resalta el carácter paradójico de la criónica: una industria que mercantiliza la muerte prometiendo una futura resurrección, sin que exista garantía alguna de cumplimiento.

Desde una perspectiva crítica, la criónica aparece así como una «economía especulativa de la esperanza», donde la tecnología opera como fetiche y la promesa de inmortalidad se convierte en mercancía. El surgimiento de nuevas empresas europeas, como Tomorrow Biostasis GmbH, indica que el fenómeno mantiene una vitalidad discursiva y comercial. Sin embargo, el análisis histórico y financiero presentado deja claro que la criónica se sostiene más sobre un capital simbólico —la fe en el progreso científico ilimitado— que sobre un capital técnico verificable.

Por todos estos motivos, la criónica se considera generalmente una pseudociencia marginal[109]. Entre 1982 y noviembre de 2018, la Sociedad de Criobiología rechazó a los miembros que practicaban la criónica[110], y emitió una declaración pública diciendo que la criónica «es un acto de especulación o esperanza, no de ciencia», y, como tal, fuera del alcance de la Sociedad.

La empresa rusa KrioRus es la primera empresa no estadounidense proveedora de servicios de criónica. Yevgeny Alexandrov, presidente de la comisión de la Academia Rusa de Ciencias contra la pseudociencia, dijo que «no había base científica» para la criónica y que la compañía se basaba en «especulaciones infundadas»[111]. Los científicos han expresado su escepticismo sobre la criónica en los medios de comunicación, y el filósofo noruego Ole Martin Moen ha escrito que el tema recibe una cantidad «minúscula» de atención en el mundo académico[112].

Si bien algunos neurocientíficos sostienen que todas las sutilezas de una mente humana están contenidas en su estructura anatómica, pocos comentarán directamente sobre la criónica debido a su naturaleza especulativa. Las personas que tienen la intención de ser congeladas a menudo son «vistas como un montón de chiflados». El criobiólogo Kenneth B. Storey dijo en 2004 que la criónica es imposible y nunca será posible, ya que los defensores de la criónica proponen «anular las leyes de la física, la química y la ciencia molecular»[113].

El neurobiólogo Michael Hendricks ha sentenciado: «La reanimación o simulación es una esperanza abyectamente falsa que está más allá de la promesa de la tecnología y es ciertamente imposible con el tejido muerto congelado que ofrece la industria de la "criónica"»[114]. El antropólogo Simon Dein sostiene que la criónica es una pseudociencia típica debido a su falta de falsabilidad y capacidad de prueba. En su opinión, la criónica no es ciencia, sino religión: pone la fe en una tecnología inexistente y promete vencer la muerte[115]. William T. Jarvis ha concluido: «La criónica puede ser un tema adecuado para la investigación científica, pero comercializar un método no probado para el público es charlatanería»[116].

Por su parte, Dayong Gao ha afirmado: «La gente siempre puede tener la esperanza de que las cosas cambien en el futuro, pero no hay una base científica que respalde la criónica en este momento»[117]. Si bien se acepta universalmente que la identidad personal no se interrumpe cuando la actividad cerebral cesa temporalmente durante incidentes de ahogamiento accidental —donde las personas han recuperado el funcionamiento normal después de estar completamente sumergidas en agua fría durante un máximo de 66 minutos—, un argumento en contra de la criónica es que una ausencia de siglos de la vida podría interrumpir la identidad personal, de modo que la persona revivida «no sería ella misma»[118].

El bioético de la Universidad de Maastricht, David Shaw, plantea el argumento de que no tendría sentido revivir en un futuro lejano si los amigos y familiares de uno están muertos, dejándolos solos, pero señala que la familia y los amigos también pueden congelarse, que «no hay nada que impida que la congelación descongelada haga nuevos amigos», y que una existencia solitaria puede ser preferible a ninguna[119].

En definitiva, la criónica, más que un campo científico consolidado, es un laboratorio de ideas donde convergen el deseo humano de trascender la muerte, la lógica capitalista de la innovación y los límites epistemológicos de la biología. Desde una lectura crítica, puede afirmarse que los fundamentos científicos de la criónica son débiles, que su viabilidad económica es dudosa y que sus implicaciones éticas son profundas. Aunque, también revela la persistencia del imaginario transhumanista en la cultura contemporánea, donde la tecnología se convierte en sustituto secular de la salvación.

LA MUERTE DE LA MUERTE

Ninguna de las precedentes opiniones desanima a algunos transhumanistas como José Luis Cordeiro o David Wood, optimistas impenitentes. Su libro *La muerte de la muerte*[120] es una obra singular dentro del panorama contemporáneo de la divulgación científica, la prospectiva tecnológica y el pensamiento futurista. Más que un libro de divulgación científica, se trata de un manifiesto a favor de una nueva concepción de la vida, la salud y el destino humano. Su propuesta —abolir la muerte por envejecimiento mediante la ciencia— desafía las creencias más arraigadas y obliga a replantear la naturaleza misma de lo humano.

Aunque sus predicciones resultan audaces, su fuerza radica en la articulación de datos, tendencias y tecnologías reales que apuntan en esa dirección. La obra invita a abandonar el escepticismo paralizante y a asumir un papel activo en la construcción de un futuro en el que la muerte deje de ser una condena inevitable. Esta obra combina la ambición visionaria con el rigor científico, la esperanza con la responsabilidad, y abre un debate imprescindible sobre el futuro de la humanidad en la era de la biotecnología y la inteligencia artificial.

Cordeiro y Wood parten de una premisa tan provocadora como audaz: el envejecimiento no es un destino biológico inevitable, sino un proceso susceptible de ser comprendido, intervenido y, en última instancia, revertido gracias a los avances científicos y tecnológicos. Desde este punto de partida, el libro construye un relato complejo y ambicioso sobre el presente y el futuro de la biomedicina, la genética, la biotecnología, la inteligencia artificial y otras disciplinas convergentes, en un esfuerzo por demostrar que la muerte natural, entendida como consecuencia del envejecimiento, podría dejar de ser un horizonte ineludible para la humanidad.

La obra se inscribe en un contexto más amplio: el de un cambio radical en la concepción de la vida, la salud y la enfermedad. A lo largo de la historia, la humanidad ha aceptado la muerte como parte del orden natural de las cosas, aunque siempre la ha combatido desde diversas formas simbólicas y prácticas. Religiones, mitologías, filosofías y sistemas médicos han intentado dar sentido a la finitud humana o prolongar la vida más allá de sus límites biológicos aparentes. Sin embargo, el discurso de Wood y Cordeiro plantea que, por primera vez en la historia, esta aspiración ancestral puede convertirse en un proyecto realizable, sustentado en el conocimiento científico acumulado y en las capacidades tecnológicas en expansión exponencial. No se trata ya de metáforas o promesas metafísicas, sino de hipótesis verificables que se apoyan en evidencias empíricas, ensayos clínicos, innovaciones disruptivas y modelos de futuro plausibles.

Uno de los ejes fundamentales del libro es la idea de que el envejecimiento debe ser conceptualizado como una enfermedad, y no como un destino biológico inevitable. Esta redefinición, aparentemente semántica, tiene implicaciones profundas. Si el envejecimiento es una enfermedad, entonces es susceptible de diagnóstico, tratamiento y cura. Esta perspectiva rompe con siglos de pensamiento biológico tradicional y abre la puerta a una medicina radicalmente nueva, centrada no solo en la prolongación de la vida sino en su rejuvenecimiento activo. Los autores se apoyan en la investigación de científicos como Aubrey de Grey, quien sostiene que la primera persona que vivirá mil años ya ha nacido, o en las predicciones de Ray Kurzweil sobre la singularidad tecnológica y la inmortalidad humana en torno a 2045. Estas afirmaciones, que podrían parecer utópicas o incluso delirantes en otro contexto, se presentan aquí como parte de un discurso fundamentado en tendencias científicas verificables.

La argumentación de Wood y Cordeiro se despliega en varios planos complementarios. En primer lugar, realizan un repaso histórico y cultural de la obsesión humana por la inmortalidad, mostrando cómo esta ha sido un motor de la civilización desde las primeras epopeyas mesopotámicas hasta las religiones monoteístas. La conciencia de la muerte, característica singular del ser humano, ha impulsado la creación de mitos, rituales y filosofías orientadas a trascenderla. Este recorrido histórico no es un mero adorno erudito: cumple la función de situar el proyecto científico de hoy dentro de un horizonte antropológico milenario. La ciencia, vienen a decir los autores, no hace sino continuar por otros medios la vieja aspiración humana de vencer a la muerte.

Además, el libro analiza la base biológica del envejecimiento y los avances en su comprensión. Se describe cómo el envejecimiento implica procesos acumulativos de daño celular, pérdida de capacidad regenerativa, deterioro de los telómeros, disfunción mitocondrial, inflamación crónica y alteraciones en la comunicación intercelular, entre otros factores. Cada uno de estos procesos es objeto de investigación científica intensa y cada uno ha generado ya estrategias terapéuticas prometedoras. Por ejemplo, se exploran las posibilidades de la terapia génica para corregir defectos genéticos asociados al envejecimiento, el uso de células madre para regenerar tejidos dañados, las terapias con telomerasa para restaurar la longitud de los telómeros, la nanotecnología para reparar estructuras celulares desde dentro, y la bioimpresión 3D para fabricar órganos de reemplazo. El envejecimiento, en esta visión, deja de ser un fenómeno global e inabordable y se convierte en un conjunto de problemas específicos que pueden ser atacados con herramientas cada vez más precisas.

Un aspecto particularmente relevante del análisis es el énfasis en el carácter exponencial de los avances tecnológicos. La tesis de fondo es que la intuición humana tiende a ser lineal, pero la tecnología se desarrolla de manera exponencial, lo que significa que los cambios que ocurrirán en las próximas décadas serán mucho más profundos y rápidos que los del pasado reciente. Este argumento, heredero del pensamiento de Kurzweil, es crucial para sostener la viabilidad del proyecto antienvejecimiento: muchas de las terapias que hoy parecen incipientes o especulativas podrían alcanzar niveles de eficacia radical en pocos años. La aceleración tecnológica en áreas como la inteligencia artificial, el *big data,* la biología sintética, la edición genética (CRISPR) o la medicina personalizada están transformando las bases mismas de la biología y la medicina. La secuenciación del genoma humano, por ejemplo, que requirió más de una década y miles de millones de dólares, puede hacerse hoy en horas y por unos pocos cientos de dólares, un cambio que ilustra la velocidad del progreso.

Cordeiro y Wood insisten en que esta revolución no está ocurriendo en el vacío. Grandes empresas tecnológicas —*Google, Apple, IBM, Microsoft*— han entrado de lleno en el ámbito biomédico, aportando recursos financieros y capacidades computacionales sin precedentes. *Google,* a través de su filial Calico, tiene como objetivo explícito «resolver la muerte»[121]. *IBM* ha desarrollado a Watson, un sistema de inteligencia artificial capaz de diagnosticar cáncer con una precisión comparable o superior a la humana. *Microsoft* investiga tratamientos del cáncer inspirados en estrategias informáticas para eliminar virus. Estas iniciativas corporativas se complementan con proyectos de investigación académicos, *startups* biotecnológicas y fundaciones filantrópicas, que configuran un ecosistema de innovación orientado hacia la longevidad indefinida.

Uno de los conceptos más sugerentes del libro es el de «velocidad de escape de la longevidad»[122]. Esta noción, propuesta por De Grey, describe el punto en el que los avances terapéuticos permitirán extender la vida humana más rápido de lo que progresa el envejecimiento. En ese escenario, cada año de avance médico proporcionará más de un año adicional de vida, iniciando un ciclo virtuoso de rejuvenecimiento progresivo. La llegada a esta «velocidad de escape» marcaría el inicio de una era en la que la muerte por causas naturales dejaría de ser una certeza. Aunque seguirían existiendo riesgos externos —accidentes, catástrofes, violencia—, la muerte asociada al desgaste biológico se convertiría en una opción evitable.

El libro no elude, sin embargo, las dificultades y los desafíos. Los autores reconocen que el progreso no está garantizado y que factores políticos, económicos, culturales o incluso desastres naturales podrían ralentizarlo o revertirlo. Asimismo, admiten que no todos los sectores de la sociedad aceptarán estas tecnologías. Del mismo modo que hoy existen comunidades que rehúsan participar en la modernidad tecnológica, en el futuro podría haber quienes rechacen la intervención en el envejecimiento. Esta posibilidad, lejos de invalidar el proyecto, subraya su dimensión ética: el acceso a la longevidad indefinida no debe ser obligatorio, pero sí debería estar disponible como opción.

El análisis del impacto potencial de la erradicación del envejecimiento también aborda cuestiones económicas, sociales y políticas. La extensión radical de la vida transformará necesariamente instituciones fundamentales como el matrimonio, la educación, el trabajo, la seguridad social o la organización política. Las estructuras actuales están diseñadas para sociedades en las que la vida tiene una duración limitada; un mundo con longevidad indefinida requerirá replantearlas desde sus cimientos. Por otra parte, el acceso desigual a estas tecnologías podría profundizar brechas existentes o crear nuevas formas de desigualdad, un riesgo que los autores reconocen y que exige políticas deliberadas de equidad y justicia global.

En este sentido, el libro formula también un argumento moral poderoso: si es posible prevenir el sufrimiento y la muerte asociados al envejecimiento, no hacerlo sería éticamente inaceptable[123]. Wood y Cordeiro califican la muerte por envejecimiento como el mayor crimen contra la humanidad, responsable de más de 100.000 muertes diarias. Desde esta perspectiva, la investigación antienvejecimiento no es solo un proyecto científico, sino un imperativo ético. El derecho a la vida, afirman, es el más fundamental de todos los derechos humanos; sin él, ningún otro derecho tiene sentido. Por tanto, avanzar hacia la erradicación del envejecimiento es una responsabilidad moral colectiva.

Además de los aspectos científicos y tecnológicos, la obra reflexiona sobre la relación entre biología y digitalización. La medicina y la biología están experimentando una transformación profunda debido a la incorporación de tecnologías digitales: sensores personales, análisis de datos masivos, inteligencia artificial y biología computacional están redefiniendo la forma en que entendemos y gestionamos la salud. Esta «medicina como tecnología de la información»[124] permite intervenciones más precisas, personalizadas y predictivas, acelerando la transición hacia un paradigma centrado en la prevención y el rejuvenecimiento. La convergencia de estas disciplinas —lo que algunos llaman NBIC: nanotecnología, biotecnología, tecnologías de la información y ciencias cognitivas— constituye el núcleo del proyecto descrito por Cordeiro y Wood.

Asimismo, Wood y Cordeiro exploran la criopreservación como estrategia complementaria. Dado que algunas de las tecnologías necesarias para detener el envejecimiento aún no están disponibles, la criopreservación —la congelación de cuerpos o cerebros tras la muerte clínica— podría permitir que los individuos revivan en el futuro, cuando la ciencia haya avanzado lo suficiente. Aunque este campo genera escepticismo, ya existen empresas que ofrecen estos servicios y casos documentados de criopreservación. Los autores lo presentan no como una solución definitiva, sino como un «plan B» razonable para quienes desean prolongar sus opciones vitales[125].

Pero, a juicio de estos autores, no basta con que la ciencia haga posible la erradicación del envejecimiento: es necesario que la sociedad en su conjunto participe activamente en este proceso. Cordeiro y Wood apelan a la creación de conciencia, al aumento de la inversión en investigación y a la formación de nuevas generaciones de científicos, tecnólogos y ciudadanos comprometidos con el proyecto de expansión de la vida. En última instancia, el futuro de la humanidad dependerá de las decisiones que tomemos hoy. Si actuamos con decisión y responsabilidad, el siglo XXI podría ser el escenario de la transición más radical en la historia humana: el paso de una existencia limitada por la muerte natural a una vida de duración indefinida[126].

Más allá de su contenido específico, el libro tiene también un valor epistemológico: nos recuerda que los límites de lo posible no son fijos, sino que se desplazan con cada avance del conocimiento. Lo que ayer parecía ciencia-ficción —reprogramación celular, edición genética, órganos artificiales, inteligencia artificial médica— hoy son realidades tangibles en laboratorios y clínicas. Este desplazamiento continuo de lo posible exige una actitud intelectual abierta, capaz de cuestionar prejuicios y revisar certezas. Por consiguiente, *La muerte de la muerte* es un libro sobre el poder transformador del conocimiento humano y sobre la capacidad de la ciencia para redefinir las condiciones de nuestra existencia.

El desafío que plantea la obra no es menor. Supone repensar la biología, la ética, la economía, la política y la cultura desde una premisa radicalmente nueva: que la muerte ya no es inevitable. Pero precisamente por ello, nos obliga a interrogarnos sobre quiénes somos, qué valor damos a la vida y cómo queremos vivirla cuando el tiempo deje de ser un límite. Nos confronta con la responsabilidad de construir un futuro en el que la ciencia no solo cure enfermedades, sino que libere a la humanidad de su destino biológico más antiguo. Y nos invita, en definitiva, a imaginar y a preparar un mundo en el que la muerte de la muerte sea, más que un sueño, una realidad alcanzable.

El libro *La muerte de la muerte,* de Cordeiro y Wood, pertenece a la tradición del tecno-optimismo transhumanista, heredera tanto del positivismo ilustrado como de la utopía tecnológica de la era digital. Desde una perspectiva filosófica crítica —bioética, epistemológica y antropológica—, su tesis central («abolir la muerte biológica mediante la ciencia») puede analizarse como una proposición metafísica disfrazada de proyecto científico. Sin embargo, una refutación estructurada debería contemplar varios planos:

a) *El equívoco ontológico: confundir lo biológico con lo existencial.*

Cordeiro y Wood presentan la muerte como un problema técnico, susceptible de resolución científica. Sin embargo, desde la perspectiva de la filosofía de la vida —desde Aristóteles hasta Heidegger—, la muerte no es un mero accidente biológico, sino una estructura constitutiva del ser vivo. En términos aristotélicos, todo organismo tiene una naturaleza que tiende hacia su fin natural. Negar la muerte equivale a negar la teleología interna de lo vivo. En términos existenciales, como sostuvo Heidegger, el ser humano es un ser-para-la-muerte; la finitud no es un defecto que corregir, sino la condición de posibilidad de la libertad y el sentido.

Por tanto, pretender «curar la muerte» equivale a desnaturalizar la vida, transformándola en un proceso indefinido de mantenimiento funcional, sin finalidad ni sentido. Esta es una forma de nihilismo tecnocientífico: el intento de vaciar de sentido la existencia reduciéndola a mera persistencia.

b) *La falacia categorial: convertir el envejecimiento en enfermedad.*

Definir el envejecimiento como una «enfermedad curable» constituye una falacia categorial, en el sentido de Gilbert Ryle: se atribuyen a una totalidad propiedades que pertenecen solo a sus partes. Las enfermedades son disfunciones locales respecto a un estado de referencia de salud. El envejecimiento, en cambio, no es una disfunción, sino un proceso universal y normativo de los organismos complejos.

Tratarlo como enfermedad implica medicalizar la existencia, convertir toda variación biológica en objeto de intervención. Desde un punto de vista ético-político, esto conduce a una biopolítica extrema en el sentido de Foucault: el cuerpo como territorio de control tecnocientífico permanente. Michel Foucault lo llamó «biopolítica», una forma de control que no se limita a cuerpos individuales, sino que regula poblaciones enteras. Desde la salud pública hasta la vigilancia digital, este poder invisible moldea nuestra existencia.

Además, el argumento de que «si algo causa sufrimiento, debe ser curado» incurre en un utilitarismo simplista: confunde la supresión del dolor con la realización del bien. No todo lo que duele es patológico; no toda fragilidad es injusticia. El envejecimiento —como el duelo, la memoria o la pérdida— pertenece al orden de la experiencia humana, no al de la enfermedad.

c) *El mito del progreso exponencial: falacia inductiva y determinismo tecnológico.*

La obra se apoya en una narrativa de aceleración tecnológica, heredada de Ray Kurzweil, según la cual los avances crecen de modo exponencial y, por tanto, lo que hoy parece imposible no lo será mañana. Pero este argumento incurre en falacias inductivas y determinismo tecnológico. El hecho de que ciertos procesos —como el abaratamiento del genoma— hayan sido exponenciales no implica que todas las tecnologías lo sean ni que esa curva se mantenga indefinidamente. La historia de la ciencia muestra lo contrario: períodos de euforia seguidos de estancamiento o regresión. La biología del envejecimiento, por su complejidad sistémica, probablemente no siga una curva exponencial, sino más bien una curva logística o saturada.

Más profundamente, este argumento sustituye la razón crítica por una fe secular en el progreso. La tecnología deja de ser un medio y se convierte en fin. Este es un rasgo de lo que habitualmente se denomina «tecnologismo», la creencia en que todo problema humano tiene solución técnica.

d) *El desplazamiento del problema moral: del cuidado al control.*

El argumento moral de Cordeiro y Wood —«si podemos evitar la muerte, no hacerlo sería inmoral»— es una inversión falaz del principio de beneficencia. El deber de aliviar el sufrimiento no implica el deber de eliminar la condición humana que lo hace posible. Si se convierte la inmortalidad en «imperativo moral», se abre la puerta a una coerción biotecnológica: la obligación de «curarse», de «rejuvenecer», de no morir. Esta lógica reproduce el mecanismo del biopoder contemporáneo: la vida como objeto de optimización y rendimiento.

El resultado no es la liberación del ser humano, sino su captura total en la red tecnocientífica. Además, la supuesta opcionalidad —«quien quiera morir, que muera»— es ilusoria: en sociedades neoliberales, las innovaciones de este tipo se distribuyen de manera desigual, generando jerarquías biológicas nuevas —una aristocracia de los inmortales frente a los mortales comunes—.

e) *El problema epistemológico: de la ciencia a la promesa.*

El libro de *La muerte de la muerte* no pertenece estrictamente al ámbito científico, sino al de la retórica tecno-profética. Se basa en extrapolaciones, correlaciones y analogías, no en experimentos reproducibles ni en teorías falsables. Su lenguaje («la primera persona que vivirá mil años ya ha nacido») pertenece al registro profético, no al científico.

De hecho, la estructura del libro replica los mitos religiosos de salvación. El discurso prometeico se disfraza de empirismo, pero su núcleo es metafísico y soteriológico:

1. Diagnóstico del mal: la muerte.
2. Promesa de redención: la ciencia.
3. Profetas: Kurzweil, De Grey, Cordeiro, etc.
4. Comunidad de creyentes: los transhumanistas.
5. Escatología secular: la singularidad, la inmortalidad.

f) *El olvido de lo humano: consecuencias antropológicas.*

La eliminación de la muerte no implica una plenitud de vida, sino su vaciamiento de sentido. El valor de la vida humana está determinado por su finitud: toda elección cobra peso porque hay un límite. Una existencia indefinida conduciría, no a la felicidad, sino a la pérdida de horizonte, a la entropía del deseo. Nietzsche ya advirtió que la «muerte de la muerte» equivale al triunfo del último hombre: un ser sin trascendencia ni aspiración, dedicado solo a conservarse.

Por otra parte, Cordeiro y Wood mencionan la desigualdad, pero la subestiman radicalmente. En un mundo donde millones de seres humanos carecen de acceso a vacunas o agua potable, prometer la inmortalidad biotecnológica revela una miopía ética y política profunda. Si la longevidad indefinida se convierte en privilegio de élites, se consolidará un nuevo régimen de castas biológicas.

Además, la prolongación masiva de la vida exacerbaría los problemas ecológicos, demográficos y económicos que los autores desestiman en nombre del «progreso exponencial». La paradoja es evidente: quienes pretenden abolir la muerte pueden, de hecho, agravar las condiciones de vida de la mayoría.

En suma, *La muerte de la muerte* es menos un tratado científico que un mito moderno de salvación: sustituye a Dios por la tecnología y promete la redención biológica de la humanidad. Su error filosófico fundamental consiste en confundir vida con funcionamiento, salud con perfección, progreso con sentido.

Desde una ética de la finitud —como la de Hans Jonas o Simone Weil—, lo verdaderamente humano no es escapar de la muerte, sino asumirla como horizonte que da valor, urgencia y compasión. El deber moral no es abolir la muerte, sino vivir con conciencia de ella, cuidando la vida en su fragilidad compartida. La promesa de Cordeiro y Wood no libera al ser humano: lo convierte en rehén de su propio miedo. Y, al hacerlo, perpetúa la más vieja superstición de todas: creer que la técnica puede salvarnos de nosotros mismos.

4.

EL INFOMEJORAMIENTO HUMANO

En un sentido amplio, toda vida humana normal puede entenderse como un prolongado proceso de infomejoramiento o mejoramiento cognitivo, históricamente acompañado —aunque no determinado— por los avances técnicos. Lo distintivo del transhumanismo es su propuesta de aplicar la tecnología directamente sobre el cuerpo, y en particular sobre el cerebro, con el propósito de expandir las capacidades mentales más allá de los límites naturales de la especie. Las promesas son, una vez más, deslumbrantes: experiencias sensoriales inéditas, una memoria casi ilimitada, mayor creatividad y una capacidad analítica superior. Todo ello, se afirma, redundaría en individuos más autónomos y plenos, y en sociedades más desarrolladas y justas[127].

Sin embargo, la realidad actual del «mejoramiento cognitivo» es mucho más prosaica. El uso creciente de drogas nootrópicas —las llamadas *smart drugs*— entre estudiantes y profesionales suscita ya preocupación en los países desarrollados. Entre las sustancias legales no prescritas, la cafeína ocupa un lugar destacado, aunque su papel como auténtico «mejorador» es discutible: más que potenciar el rendimiento, tiende simplemente a restablecer el nivel normal de desempeño frente al cansancio. Distinto es el caso de los fármacos prescritos para patologías como el alzhéimer, la narcolepsia o el trastorno por déficit de atención, utilizados con fines de optimización cognitiva. Los más comunes son el modafinilo (*Provigil*), las anfetaminas (*Adderall*), el metilfenidato (Ritalina) y el racetam (*Piracetam*).

Aunque algunos autores lo discuten, la evidencia disponible sugiere que estos fármacos producen mejoras modestas en la concentración y la memoria[128]. Pero también se han documentado efectos adversos que desaconsejan su uso prolongado: alteraciones del sueño, taquicardia, hipertensión, sudoración excesiva y aumento de la ansiedad. A ello se suma el debate ético sobre el llamado «dopaje cerebral»[129]: ¿se trata de una ventaja injusta?, ¿su uso no se volverá compulsivo en entornos competitivos?, ¿no acentúa las desigualdades sociales?, ¿debe la autoridad intervenir en la gestión de riesgos o prevalecer la autonomía del usuario? En el caso de los transhumanistas, su concepción libertaria inclina la balanza moral hacia la defensa irrestricta de la autonomía individual[130].

Otro frente de desarrollo es la estimulación cerebral no invasiva, mediante técnicas como la estimulación magnética transcraneal o la estimulación por corriente directa. Originalmente concebidas para tratar trastornos neurológicos o psiquiátricos, han comenzado a aplicarse experimentalmente en personas sanas, con el fin de observar si potencian los procesos de aprendizaje. Aunque los resultados son todavía preliminares, se han registrado ligeras mejoras en la memoria operativa[131] y en la llamada inteligencia fluida, es decir, la capacidad de adaptarse a tareas nuevas[132]. En cuanto a los riesgos, no se ha constatado daño tisular —de tejidos—, pero algunos participantes refieren cansancio y leves sensaciones de estremecimiento. Como signo de los tiempos —en los que la investigación científica se conecta casi de inmediato con la industria—, ya existen en el mercado dispositivos domésticos de estimulación cerebral por corriente directa, accesibles por internet. Incluso han surgido foros donde los usuarios comparten sus experiencias y protocolos de uso.

La evaluación de estas prácticas sigue siendo prematura, pero hay razones fundadas para el escepticismo. Aun suponiendo que ofrezcan ciertos beneficios, estos suelen implicar costes: la estimulación de unas áreas neuronales puede inhibir la actividad de otras, y el desarrollo focalizado de determinadas habilidades puede ir acompañado de la merma de las opuestas. Así, la potenciación del pensamiento analítico podría reducir la sensación de libertad mental necesaria para la creatividad. Además, los efectos varían según el nivel de pericia: en personas expertas pueden ser nulos o incluso contraproducentes[133]. En definitiva, pese a las enormes expectativas, sigue siendo extremadamente difícil «mejorar» un sistema cuyo funcionamiento normal aún comprendemos de manera rudimentaria.

Pero, además, incluso entre los defensores del infomejoramiento hay disenso acerca de sus fines. Autores como Julian Savulescu e Ingmar Persson advierten de que una expansión unilateral de la inteligencia podría aumentar el potencial destructivo de individuos malintencionados. De ahí su polémica propuesta de un «mejoramiento moral obligatorio», concebido como el precio a pagar por una sociedad segura: crear, mediante la tecnología, seres humanos moralmente a la altura de las capacidades que ella misma les confiere[134].

4.1. LA INTELIGENCIA ARTIFICIAL: DE TURING A LOS TRANSFORMADORES

La inteligencia artificial (IA) constituye uno de los campos científicos más complejos, interdisciplinarios y tecnológicamente transformadores de la era contemporánea. Desde sus orígenes teóricos a mediados del siglo XX hasta las actuales arquitecturas de aprendizaje profundo y sistemas generativos, la IA ha evolucionado no solo como disciplina de investigación, sino como paradigma epistemológico que redefine las fronteras entre mente, máquina y conocimiento.

A) Breve historia de una revolución tecnológica

El pensamiento sobre la posibilidad de una inteligencia mecánica precede a la formalización científica del concepto. Sin embargo, es en el trabajo de Alan Turing donde se sientan las bases de la computabilidad y de la idea de una máquina capaz de emular cualquier proceso mental mediante reglas formales. En «Computing Machinery and Intelligence», Turing plantea la célebre pregunta «¿Pueden pensar las máquinas?», inaugurando la concepción de la inteligencia artificial como un problema de simulación lógica de la mente humana. Su propuesta del «juego de la imitación» no solo ofrece un criterio operativo para evaluar el pensamiento, sino que traduce la filosofía de la mente en un programa de investigación empírico[135].

La formalización de la IA como campo científico se produce en 1956 durante el Dartmouth Summer Research Project on Artificial Intelligence, liderado por John McCarthy, Marvin Minsky, Claude Shannon y Nathaniel Rochester[136]. Este encuentro fundacional establece la hipótesis central del nuevo campo: que cada aspecto del aprendizaje o de cualquier otra forma de inteligencia puede ser descrito de manera precisa y, por tanto, simulado por una máquina. La IA nace, así, bajo el signo del racionalismo computacional y del optimismo técnico característico de la posguerra.

Durante las décadas de 1950 y 1960, la IA se articula principalmente en torno al paradigma simbólico o cognitivista, también conocido como «IA fuerte» o «good old-fashioned AI» (GOFAI). La IA fuerte se refiere a la inteligencia artificial simbólica, que se centra en representar el conocimiento humano a través de símbolos y reglas lógicas[137]. Los sistemas simbólicos almacenan el conocimiento en estructuras explícitas —hechos, reglas, ontologías— que permiten derivar conclusiones mediante motores de inferencia basados en lógica proposicional o de predicados. Su principal fortaleza radica en la transparencia: cada paso del razonamiento puede rastrearse y explicarse, lo que confiere a estos sistemas un alto grado de interpretabilidad y control. De ahí que hayan sido especialmente útiles en dominios bien estructurados, como el diagnóstico médico, el asesoramiento financiero o los sistemas expertos para la toma de decisiones.

Este enfoque, popularizado por John Haugeland en su libro *Inteligencia Artificial*[138], se basa en la idea de que la inteligencia se puede lograr manipulando símbolos que representan conceptos del mundo real. Para Haugeland, la clave para desarrollar una inteligencia artificial verdaderamente inteligente radica en comprender la relación entre el cuerpo y la mente. A su juicio, la mente no puede separarse del cuerpo, ya que la inteligencia se basa en la interacción del organismo con el entorno. Por lo tanto, cualquier intento de replicar la inteligencia humana debe tener en cuenta esta interacción. Además, Haugeland argumentaba que la inteligencia no se puede reducir a algoritmos y reglas lógicas. Si bien estos elementos son importantes, la inteligencia también implica una comprensión intuitiva y una capacidad para adaptarse a situaciones nuevas y complejas. Por lo tanto, cualquier sistema de inteligencia artificial debe ser capaz de aprender y adaptarse de manera similar a como lo hace un ser humano.

b) PROGRAMAS SIMBÓLICOS DE IA

Los sistemas de GOFAI, como los sistemas expertos, utilizan reglas de producción para resolver problemas y procesar información de manera lógica y estructurada. La resolución de problemas, la planificación y el razonamiento lógico se modelan mediante algoritmos que operan sobre representaciones formales del conocimiento, dando origen a programas emblemáticos como el Logic Theorist (1956) y el General Problem Solver (1959).

Se trata de dos programas pioneros en inteligencia artificial creados por Herbert Simon y Allen Newell. Logic Theorist fue uno de los primeros programas de inteligencia artificial, diseñado para imitar el proceso humano de razonamiento lógico. Su objetivo era demostrar teoremas matemáticos de manera automática, específicamente los del libro *Principia Mathematica* de Russell y Whitehead. Logic Theorist usaba reglas lógicas —como las de la lógica proposicional— y un enfoque de búsqueda heurística para encontrar pruebas de teoremas. En lugar de probar todas las combinaciones posibles —búsqueda exhaustiva—, seleccionaba caminos prometedores basándose en «heurísticas» o reglas prácticas que imitaban cómo un humano elegiría qué pasos probar primero.

Logic Theorist logró demostrar 38 de los 52 teoremas del capítulo 2 de *Principia Mathematica*. Incluso encontró una prueba más elegante para un teorema que la original, lo que sorprendió a sus creadores. Este programa mostró que las máquinas podían realizar tareas intelectuales complejas, sentando las bases de la IA. Su importancia radica en que está considerado el primer programa de IA y el primero que demostró que el razonamiento lógico podía automatizarse, inspirando investigaciones posteriores en IA.

Por su parte, General Problem Solver (GPS) fue un programa diseñado para resolver una amplia variedad de problemas, no solo teoremas lógicos, sino cualquier problema que pudiera formularse de manera estructurada. Era un intento de crear una IA «general» capaz de abordar diferentes tipos de tareas. GPS usaba un método llamado «means-ends analysis» (análisis de medios y fines):

a. Identificaba el estado actual del problema y el estado objetivo (la solución deseada);

b. Comparaba ambos estados para detectar diferencias; y

c. Aplicaba operadores (acciones o reglas) para reducir esas diferencias paso a paso, acercándose al objetivo. Por ejemplo, si el problema era mover un objeto de un lugar a otro, GPS descomponía el problema en pasos lógicos y seleccionaba acciones para lograrlo.

GPS podía resolver problemas como rompecabezas, juegos simples y algunos problemas matemáticos. Aunque no era realmente «general» —tenía limitaciones y no podía resolver problemas muy complejos o poco estructurados—, demostró que un enfoque basado en heurísticas podía aplicarse a distintos dominios. GPS introdujo la idea de que los procesos de resolución de problemas humanos podían modelarse en una computadora. Aunque no era tan universal como sus creadores esperaban, influyó en el desarrollo de sistemas expertos y algoritmos de búsqueda en IA.

El enfoque simbólico aportó desarrollos fundamentales en lenguajes de programación —como LISP, creado por McCarthy en 1958— y en la construcción de sistemas expertos durante los años setenta y ochenta[139]. Estos sistemas, como MYCIN o DENDRAL, intentaban capturar el conocimiento de expertos humanos en reglas explícitas «si-entonces». Sin embargo, su dependencia de representaciones formales rígidas y la dificultad para manejar incertidumbre o conocimiento implícito condujeron a una crisis epistemológica dentro del campo[140].

DENDRAL (1965) fue uno de los primeros sistemas expertos, desarrollado para analizar compuestos químicos y determinar su estructura molecular a partir de datos experimentales, como espectros de masas. Se usaba principalmente en química orgánica. DENDRAL combinaba conocimientos químicos —reglas sobre cómo los átomos se unen para formar moléculas— con técnicas de inteligencia artificial. Recibía datos de laboratorio, como los resultados de un espectrómetro de masas. Usaba un conjunto de reglas predefinidas —basadas en el conocimiento de químicos expertos— para interpretar esos datos. Generaba posibles estructuras moleculares que coincidieran con los datos y las evaluaba para encontrar la más probable.

DENDRAL podía identificar estructuras moleculares con gran precisión, algo que antes requería mucho tiempo y experiencia humana. Fue capaz de analizar compuestos orgánicos complejos, ayudando a químicos en sus investigaciones. Su trascendencia radica en que fue el primer sistema en demostrar que la IA podía emular el conocimiento especializado de expertos humanos en un campo técnico. Inspiró el desarrollo de otros sistemas expertos y mostró cómo codificar conocimiento humano en reglas.

En cuanto a MYCIN (1970), fue un sistema experto diseñado para diagnosticar y recomendar tratamientos para infecciones bacterianas, especialmente en la sangre —como meningitis o septicemia—. También ayudaba a médicos a elegir el antibiótico adecuado. MYCIN usaba un enfoque basado en reglas y razonamiento para tomar decisiones: El médico introducía en el programa síntomas, resultados de laboratorio y otros datos del paciente. MYCIN aplicaba un conjunto de reglas —unas 500, creadas por médicos expertos— para relacionar síntomas con posibles infecciones. Usaba un sistema de «razonamiento hacia atrás» *(backward chaining)* para determinar qué bacteria era la más probable y recomendaba el tratamiento más adecuado, ajustado a factores como alergias o peso del paciente. También podía explicar sus decisiones, mostrando las reglas que usó para llegar a su diagnóstico.

MYCIN era sorprendentemente preciso: en pruebas, sus diagnósticos y recomendaciones eran comparables o incluso mejores que los de médicos expertos. Sin embargo, nunca se usó en la práctica clínica real debido a preocupaciones éticas y legales —no en vano se trataba de una máquina tomando decisiones médicas—. En todo caso, MYCIN mostró el potencial de los sistemas expertos en medicina, introdujo la idea de explicar decisiones (transparencia) y sentó las bases para sistemas de soporte de decisiones clínicas modernos. Su motor de reglas también inspiró otros sistemas expertos en diferentes campos.

Evidentemente, la IA simbólica presenta limitaciones importantes. Su capacidad de aprendizaje es escasa, ya que depende casi por completo de la programación manual de reglas por parte de expertos humanos. Además, su rigidez lógica dificulta el tratamiento de información incierta, ambigua o incompleta, lo que reduce su eficacia en entornos complejos y dinámicos. En consecuencia, aunque su precisión y explicabilidad la convierten en una herramienta poderosa en contextos acotados, su escalabilidad se ve comprometida cuando aumenta la diversidad o el volumen de los datos.

c) El paradigma conexionista

En contraste, el paradigma conexionista —que se materializa en las redes neuronales artificiales— se inspira en la estructura y funcionamiento del cerebro humano. En lugar de representar el conocimiento mediante símbolos discretos, este enfoque utiliza nodos interconectados —neuronas artificiales— que procesan información de manera distribuida y paralela. El aprendizaje se logra mediante el ajuste de los pesos sinápticos de la red, guiado por algoritmos de retropropagación u otras variantes de optimización. A diferencia de la IA simbólica, la IA conexionista no requiere una codificación explícita del conocimiento; aprende directamente de los datos, identificando patrones, correlaciones y regularidades sin necesidad de reglas predefinidas.

Este enfoque ha demostrado ser extraordinariamente eficaz en tareas que involucran grandes volúmenes de información no estructurada, como el reconocimiento de voz, la visión por computadora o la traducción automática. Su capacidad para generalizar a partir de ejemplos y su tolerancia al ruido la hacen ideal para problemas donde la información es incompleta o ambigua.

Sin embargo, la IA conexionista enfrenta su propio conjunto de desafíos. El principal es la falta de interpretabilidad: los procesos internos de una red neuronal suelen ser opacos, lo que dificulta explicar cómo llega a una determinada decisión. Además, su rendimiento depende de la disponibilidad de grandes cantidades de datos y de una elevada potencia computacional, y su razonamiento —basado en correlaciones— carece de la estructura lógica y simbólica que caracteriza al pensamiento humano.

A pesar de sus diferencias, ambos paradigmas no deben entenderse como excluyentes, sino como complementarios. La IA simbólica ofrece razonamiento explícito, explicable y controlable; la conexionista, aprendizaje autónomo, flexibilidad y potencia en el tratamiento de datos complejos. En los últimos años, ha surgido un interés creciente por integrar ambos enfoques[141]. Estos modelos híbridos buscan combinar la capacidad de aprendizaje de las redes neuronales con la estructura y el razonamiento lógico de los sistemas simbólicos.

Existen distintas formas de lograr esta integración. En un enfoque denominado «aprendizaje para razonar», las redes neuronales se utilizan para procesar datos y generar representaciones simbólicas que posteriormente alimentan un sistema lógico de razonamiento. En la vía opuesta, «razonamiento para aprender», el conocimiento estructurado —por ejemplo, ontologías o reglas semánticas— guía el proceso de entrenamiento y ajuste de las redes neuronales, aportando coherencia y restricciones lógicas al aprendizaje. Los modelos más avanzados persiguen una interacción bidireccional continua entre ambos componentes, de modo que el razonamiento simbólico y el aprendizaje conexionista se retroalimenten de manera dinámica, mejorando tanto la interpretabilidad como la eficacia del sistema.

En las últimas décadas, la inteligencia artificial (IA) está evolucionando hacia enfoques más integrados, cómo se conecta con otras tecnologías y qué significa todo esto para nuestra comprensión de la inteligencia. Los dos grandes enfoques de la IA, la IA simbólica —basada en reglas lógicas claras, como un libro de instrucciones— y la IA conexionista —basada en redes neuronales que aprenden de datos, como un cerebro artificial—, ya no están tan separados. Ahora se están combinando en algo nuevo llamado «IA neuro-simbólica o simbólico-conexionista»[142].

En definitiva, la evolución de la inteligencia artificial parece dirigirse hacia la convergencia de estos dos grandes paradigmas. Mientras la IA simbólica sigue siendo insustituible en tareas que requieren razonamiento estructurado y explicabilidad, la IA conexionista se impone en entornos complejos donde predominan la ambigüedad, el ruido y la abundancia de datos. La síntesis de ambos promete una nueva generación de sistemas más robustos, capaces no solo de aprender, sino también de razonar, justificar sus decisiones y adaptarse de forma autónoma. En esta confluencia entre la lógica y el aprendizaje, entre la deducción y la experiencia, podría residir el futuro más prometedor de la inteligencia artificial contemporánea.

Veamos con detenimiento cómo ha sido este proceso. Históricamente, los inicios del conexionismo se remontan a mediados del siglo pasado:

a. En 1943, McCulloch y Pitts propusieron un modelo matemático de cómo las neuronas del cerebro podrían trabajar juntas para procesar información. Esto fue como una semilla para el conexionismo[143].

b. En 1958, Frank Rosenblatt creó el «perceptrón», un modelo simple de red neuronal que podía aprender a clasificar cosas —por ejemplo, distinguir entre dos tipos de imágenes— ajustando los «pesos» de sus conexiones[144].

En esa época, el conexionismo no era muy popular porque las computadoras no eran lo suficientemente potentes y el enfoque lógico —IA simbólica— parecía más prometedor. Sin embargo, el conexionismo tuvo un gran impulso en los años 80 gracias a un descubrimiento clave: el algoritmo de «retropropagación»[145]. La retropropagación es un algoritmo esencial en el campo del aprendizaje automático que permite entrenar redes neuronales ajustando sistemáticamente los pesos y sesgos para minimizar el error en las predicciones. Su implementación efectiva es clave para el desarrollo de modelos de inteligencia artificial que pueden aprender y adaptarse a partir de datos. Funciona así:

a. La red hace una predicción. Por ejemplo, intenta identificar una imagen.
b. Si se equivoca, el algoritmo ajusta los pesos de las conexiones para que la próxima vez lo haga mejor.
c. Esto se repite muchas veces hasta que la red aprende.

Este avance permitió crear redes más profundas y poderosas, sentando las bases para lo que hoy conocemos como «aprendizaje profundo» (*deep learning*). Su esencia radica en el desarrollo de algoritmos capaces de aprender patrones complejos a partir de grandes volúmenes de datos, imitando, en cierta medida, la forma en que el cerebro humano procesa la información. Este paradigma ha permitido avances espectaculares en tareas que antes se consideraban casi imposibles para las máquinas, como el reconocimiento de imágenes, la comprensión del lenguaje natural y la conducción autónoma.

Los investigadores Hinton, LeCun y Bengio[146], considerados los «padres» del *deep learning,* han desarrollado redes neuronales muy avanzadas, algunas de las cuales han cambiado el mundo:

a. Redes «convolucionales» (CNN): Son expertas en reconocer imágenes. Por ejemplo, se usan para identificar objetos en fotos, como detectar un gato en una imagen o ayudar a los coches autónomos a «ver» la carretera.
b. Redes «recurrentes» (RNN): Son buenas para procesar secuencias, como frases o vídeos, porque «recuerdan» información anterior. Por ejemplo, ayudan a entender el contexto de una conversación.
c. Transformadores: Son una evolución más avanzada que ha revolucionado el procesamiento del lenguaje. Por ejemplo, los modelos como los que usan ChatGPT o Grok están basados en transformadores, lo que les permite entender y generar texto coherente[147].

En suma, el conexionismo es un enfoque de la IA que imita el cerebro humano usando redes de unidades simples que aprenden ajustando sus conexiones. Aunque comenzó en los años 40 y 50, despegó en los 80 con el algoritmo de «retropropagación» y explotó en el siglo XXI gracias a una ingente cantidad de datos, computadoras potentes y mejores diseños de redes. Los trabajos de Hinton, LeCun y Bengio consolidan el campo del «deep learning» como el paradigma dominante. Hoy, gracias al «deep learning», estas redes —como CNN, RNN y transformadores— permiten que las máquinas reconozcan imágenes, entiendan lenguaje y hagan cosas que antes parecían ciencia-ficción.

d) Los transformadores

Un transformador es un tipo de arquitectura —una forma de organizar un sistema de IA— que ha modificado el modo como las máquinas procesan información (texto, imágenes o sonidos). Fue introducido en 2017 con un artículo famoso que decía: «Attention is all you need» (La atención lo es todo). Este artículo marca un antes y un después en la historia de la inteligencia artificial. En él se presenta el modelo *Transformer* que ha cambiado radicalmente la forma en que las máquinas procesan el lenguaje, aprenden de los textos y generan información. Su gran innovación fue eliminar por completo los mecanismos que dominaban hasta entonces —las redes recurrentes y las convolucionales— y sustituirlos por un sistema mucho más simple y eficaz: la atención, o más exactamente, la autoatención *(self-attention)*.

Hasta ese momento, los modelos que traducían o generaban texto funcionaban de manera secuencial: leían una palabra tras otra y producían las salidas del mismo modo. Este enfoque imitaba el proceso humano de lectura, pero tenía un gran inconveniente: no podía aprovechar bien la potencia de los ordenadores modernos, que trabajan mejor cuando pueden realizar muchas operaciones en paralelo. Además, esas redes tenían dificultades para capturar las relaciones a largo plazo entre palabras lejanas en una frase. Por ejemplo, en una oración compleja, un modelo tradicional podía perder la relación entre el sujeto y el verbo si había demasiadas palabras entre ambos.

Transformer rompió con esa limitación. En lugar de procesar las palabras una a una, el modelo registra todas las palabras de la oración al mismo tiempo y calcula cuánto debe «atender» a cada una de ellas para entender el significado general. Este mecanismo de atención permite, por ejemplo, que al traducir: *The animal didn't cross the street because it was too tired* (El animal no cruzó la calle porque estaba demasiado cansado), el sistema pueda identificar que *it* se refiere a *the animal* y no a *the street*.

Los autores diseñaron un sistema de atención más preciso y eficiente llamado *Scaled Dot-Product Attention*, que pondera las relaciones entre palabras de forma numérica, y además introdujeron la idea de *multi-head attention*: en vez de usar una sola atención, el modelo utiliza varias en paralelo, cada una especializada en captar diferentes tipos de relaciones —por ejemplo, sintácticas o semánticas—. De este modo, *Transformer* aprende a entender la estructura y el sentido de las frases de manera mucho más rica.

Otra aportación clave fue el uso de codificación posicional (*positional encoding*). Dado que el modelo ya no procesa las palabras en orden, necesita algún modo de saber cuál viene antes o después. Para resolverlo, los autores sumaron a cada palabra una señal matemática que le indica su posición en la secuencia. Es una solución elegante y eficaz que mantiene la información del orden sin recurrir a estructuras secuenciales.

Esta arquitectura no solo es más clara conceptualmente, sino también más eficiente y potente. En sus experimentos con tareas de traducción automática —del inglés al alemán y del inglés al francés—, el *Transformer* superó ampliamente a todos los modelos anteriores, alcanzando las mejores puntuaciones (BLEU) conocidas hasta entonces. Además, lo hizo entrenando en menos tiempo y con menor coste computacional, lo que evidenció su superioridad práctica.

La comparación teórica que los autores incluyen entre las distintas arquitecturas resume muy bien la ventaja del *Transformer*: mientras las redes recurrentes deben recorrer la secuencia paso a paso, el mecanismo de atención conecta directamente todas las palabras entre sí en una sola operación. Esto no solo acelera el entrenamiento, sino que facilita el aprendizaje de dependencias largas, algo crucial para comprender y generar lenguaje natural. Por último, esta arquitectura, aunque fue pensada para traducir texto, podría aplicarse a muchos otros tipos de datos, como imágenes, sonido o vídeo. Esa intuición se confirmó en los años siguientes: prácticamente todos los grandes modelos actuales —BERT, GPT, T5, DALL·E o CLIP— se basan en variantes del *Transformer*.

Por tanto, a diferencia de los modelos anteriores —como las redes recurrentes, que procesaban la información paso a paso—, los transformadores pueden manejar todo al mismo tiempo (en paralelo), lo que los hace más rápidos y eficientes. Los transformadores son la base de los modelos de lenguaje grandes (LLMs), como GPT[148] —que usa ChatGPT— o BERT[149] —usado por *Google* para entender búsquedas—. Estos modelos son como «supercomputadoras conversacionales» que pueden:

a. Generar textos que parecen escritos por humanos, como respuestas en un chat.
b. Traducir idiomas.
c. Responder preguntas complejas.
d. Incluso crear imágenes o música en sistemas más avanzados llamados multimodales.

Gracias a los transformadores, las máquinas entienden mejor el contexto y las relaciones entre palabras, frases o incluso ideas completas, lo que las hace increíblemente versátiles. Hay tres logros que han hecho que los transformadores y los modelos grandes sean tan poderosos:

1. Escalabilidad: Los transformadores pueden hacerse más grandes y complejos —con millones o miles de millones de parámetros, como «lucecitas» en una red neuronal—, lo que les permite aprender más cosas.
2. Datos masivos: Estos modelos se entrenan con enormes cantidades de información, como libros, páginas web o bases de datos de imágenes. Es como si leyeran toda la internet para aprender.
3. Entrenamiento distribuido: Usan muchas computadoras trabajando juntas —a veces miles de procesadores— para entrenar los modelos más rápido. Esto es posible gracias a tecnologías como las GPU —procesadores gráficos potentes—.

Aunque los transformadores son increíbles, no se nos ocultan algunos problemas:

a. Interpretabilidad: Estos modelos son como una «caja negra». A veces no entendemos exactamente por qué toman ciertas decisiones. Por ejemplo, ¿por qué un modelo dio una respuesta específica? Es difícil de explicar.

b. Sesgo algorítmico: Como los modelos se entrenan con datos de internet, pueden aprender prejuicios o ideas equivocadas presentes en esos datos. Por ejemplo, podrían generar respuestas sexistas o racistas si los datos originales tienen esos sesgos.

c. Coste energético: Entrenar estos modelos consume muchísima electricidad, lo que resulta caro y puede ser nocivo para el medio ambiente[150].

Pero, entre todos ellos destaca el problema principal de las redes neuronales profundas: son como «cajas negras». ¿Qué significa esto? En los primeros tiempos de la IA —con la IA simbólica—, las máquinas seguían reglas claras, como un libro de instrucciones, y podíamos entender exactamente por qué tomaban una decisión.

Sin embargo, las redes neuronales modernas —como las que usan *deep learning*[151]— funcionan de manera diferente. Están hechas de millones de conexiones —llamadas «pesos sinápticos»— que se ajustan durante el entrenamiento[152]. Aunque estas conexiones hacen que la IA sea muy poderosa, no podemos entender fácilmente cómo llegan a sus conclusiones. Es como si la máquina diera una respuesta correcta, pero no pudiera explicarnos cómo lo hizo.

Este problema se llama «falta de interpretabilidad» y es un desafío epistemológico —es decir, tiene que ver con cómo conocemos y entendemos las cosas—. Nos preguntamos: ¿Podemos decir que una IA es realmente «inteligente» si no entendemos cómo funciona por dentro? Es como confiar en un amigo que siempre da buenos consejos, pero nunca te explica por qué.

En definitiva, los transformadores son una tecnología revolucionaria en IA que usa un mecanismo de «atención» para entender y procesar información de manera más eficiente y rápida que los sistemas anteriores. Son la base de modelos como GPT o BERT, que pueden generar textos, imágenes y más, gracias a grandes cantidades de datos, computadoras potentes y diseños escalables. Sin embargo, también comportan retos, como entender cómo funcionan internamente, evitar sesgos y reducir su coste energético.

En conclusión, desde el punto de vista científico y tecnológico, la historia de la inteligencia artificial puede leerse como una dialéctica entre la formalización lógica y la emergencia adaptativa. La IA no es un bloque homogéneo, sino una constelación de aproximaciones que reflejan distintas concepciones de la inteligencia: la razón simbólica, la plasticidad conexionista y la estadística predictiva. Su desarrollo reciente, impulsado por el aprendizaje profundo, plantea desafíos no solo técnicos, sino también epistemológicos: cómo entender, controlar y validar sistemas cuyo funcionamiento excede la capacidad humana de explicación. La IA se revela así como un espejo de las propias limitaciones del conocimiento científico: una máquina que no solo calcula, sino que obliga a replantear qué significa «comprender» y «pensar» en la era de la automatización cognitiva.

¿PUEDE PENSAR UNA MÁQUINA?

Ya en 1947, Alan M. Turing, matemático de Cambridge, pronunció una conferencia ante un auditorio compuesto en su mayor parte por miembros del National Physical Laboratory de Londres en la que intentaba responder a la vieja y controvertida pregunta sobre la inteligencia de las máquinas. Lo expuesto en ese acto apareció publicado tres años más tarde en *Mind,* una importante revista de filosofía británica con el título: *¿Puede pensar una máquina?*[153] Este texto se convirtió enseguida en uno de los escritos fundacionales de la lógica informática y la inteligencia artificial, al presentar las líneas generales por las que debería discurrir una respuesta precisa y manejable (aunque no indiscutible) a la pregunta formulada.

Se trata del famoso «Test de Turing», una prueba para decidir si una máquina es inteligente (o «piensa»). Turing fue uno de los primeros en formular explícitamente un programa de estudio que llevaría a la inteligencia artificial como disciplina a finales de los años cincuenta. El ensayo de Turing, modelo general que de algún modo contiene la teoría de los ordenadores que se construyeron más tarde, comienza así: «Propongo que se considere la cuestión: ¿Pueden pensar las máquinas?». Para contestarla, la reemplaza por el juego de imitación. Y añade: «Me parece que la pregunta original, «¿Pueden pensar las máquinas?», no merece discusión por carecer de sentido. No obstante, creo que, a finales del siglo, el sentido de las palabras y la opinión profesional habrán cambiado tanto que podrá hablarse de máquinas pensantes sin levantar controversias»[154].

El test de Turing se ideó para verificar la eventual inteligencia de una máquina. Básicamente, se trata de que una persona, pudiendo tan solo comunicarse a través de un teclado y una pantalla, debe descubrir si el interlocutor que está al otro lado es un ser humano o una máquina. Si la máquina consigue despistar al observador, Turing argumenta que la podemos considerar como inteligente, aunque él mismo —ferviente defensor de la posibilidad de la IA— señala que esta máquina todavía estaría alejada del ser humano y carecería de intencionalidad. El test de Turing, en definitiva, consiste en esto: si un ordenador actúa de tal modo que somos incapaces de distinguir su actuación de la de un ser humano dotado de una cierta facultad cognitiva, entonces puede decirse que posee también esa facultad.

Turing profetizó que un ordenador con una memoria adecuada superaría la prueba por él ideada. Sin embargo, muy pronto empezaron a conocerse las limitaciones con que habría de tropezar este ambicioso proyecto. Los programas de IA generaban solamente respuestas más o menos plausibles. De ninguna manera puede decirse que pasaran plenamente el test de Turing, puesto que un ser humano conocedor de la materia implementada rápidamente detectaría que se trata de un ordenador. Se comenzó entonces a cobrar cada vez más conciencia de los límites de la IA referentes a la consecución del proyecto, tal como este había sido esbozado en sus orígenes.

Las críticas no han cesado desde entonces. Karl Popper, uno de los autores más influyentes en la filosofía de la ciencia del siglo XX, comenta al respecto: «Turing dijo algo del estilo de lo siguiente: especifique el modo en que usted cree que el hombre es superior a una computadora y construiré una que refute su creencia. El reto de Turing no debería tomarse en consideración, ya que una especificación lo suficientemente precisa podría utilizarse en principio para programar una computadora. Además, el reto versa acerca de la conducta, incluyendo la conducta verbal»[155].

Dicho de otro modo: el reto de Turing, como el de otros autores que sostienen posturas semejantes, está mal planteado, porque supone una visión reduccionista de la inteligencia. No toca propiamente a la inteligencia, sino a determinadas operaciones, que se pueden imitar si se especifican mediante procedimientos. Por ejemplo, concretando mediante reglas lógicas cuándo consideramos que un teorema matemático está demostrado, se pueden construir máquinas que ejecuten esas operaciones y, por tanto, puedan demostrar teoremas. Los avances en esa línea son continuos, y se extienden a una variedad cada vez mayor de operaciones relacionadas con el conocimiento. Sin embargo, la inteligencia humana es más que eso.

Tanto Herbert A. Simon como Roger C. Schank expresaron el más profundo y grandioso proyecto que determina el trabajo en IA, que es nada menos que construir una máquina a semejanza del hombre, un robot que tendrá su infancia, aprenderá el lenguaje como un niño, alcanzará el conocimiento del mundo mediante la captación del mismo a través de sus órganos y, finalmente, explorará los dominios del pensamiento humano[156]. Sin embargo, a juicio de Joseph Weizenbaum, uno de los pioneros en IA, un organismo se define principalmente por los problemas que afronta. El hombre se enfrenta a problemas que son inasequibles para una máquina. El hombre no es una máquina, y aunque ciertamente procesa la información, no lo hace necesariamente como un ordenador:

«Que este programa se realice o no depende de si el hombre es puramente una especie del género "sistema de tratamiento de la información" o si es más que eso. Debo decir que tanto el pensamiento científico como el popular se han visto dominados por una noción extremadamente simplista de la inteligencia, y que esta noción es responsable, en parte, de que se desarrolle una literatura equivocada acerca de la IA»[157].

Marvin Minsky se encara con todos los estudiosos de disciplinas muy variadas que, como Weizenbaum, mantienen con firmeza que las máquinas jamás tendrán pensamientos como los nuestros porque, «de cualquier forma que se las construya, carecerán siempre de un ingrediente vital». Al referirse a esta esencia ausente, señala que «dichos pensadores le dan diversos nombres, como sensibilidad, conciencia, espíritu o alma. Los filósofos han escrito libros enteros para demostrar que, debido a tal carencia, las máquinas no podrán jamás sentir o comprender la clase de cosas que hacen las personas. Sin embargo, todas las demostraciones que ofrecen estos libros incurren en un círculo vicioso, pues de una u otra forma, toman como hipótesis precisamente lo que pretenden demostrar, a saber, la existencia de un hálito mágico que no posee propiedades detectables. No soporto tales argumentos. No hace falta que busquemos la pieza que falta: el pensamiento humano consta de muchos ingredientes y cada una de las máquinas que hemos construido carece de docenas o centenares de ellos»[158].

Para Minsky, los distintos programas de comprensión del lenguaje y de la visión, por ejemplo, almacenan parte de sus conocimientos en forma de aserciones. «En el transcurso de la planificación y ejecución de sus complejos procedimientos, estos programas forman subprogramas, es decir, generan nuevos procesos que no fueron proporcionados explícitamente por los programadores humanos». Ciertos sistemas basados en ordenadores, como los denominados «máquinas con ojos y manos», adquieren conocimiento captando estímulos directamente de su entorno. Estas máquinas, por tanto, llegan a aprender cosas no solo porque se las comunican explícitamente, sino porque las descubren en su interacción con el mundo. No obstante, hay que señalar la presencia de ciertos límites a estos aprendizajes. Minsky reconoce que «la capacidad de los sistemas más avanzados de ordenadores, para adquirir conocimiento por otros medios que los "administrados por cuchara", es aún limitada en extremo. Es simplemente absurdo creer que cualquier sistema de ordenador existente puede llegar a saber lo que, digamos, sabe un niño de dos años cuando juega con bloques»[159].

En opinión de Minsky, las limitaciones se deben a la falta de recursos humanos y de medios económicos en la investigación básica. Por contra, este autor subraya los espectaculares avances, por ejemplo, en programas de ajedrez. Así, en marzo de 1997, Gary Kaspárov, campeón mundial de ajedrez, disputó un torneo a cinco partidas con Deep Blue, un potente ordenador de la casa IBM capaz de calcular 200 millones de posiciones por minuto. Kaspárov solo logró ganar la primera partida y hacer tablas en otras dos, perdiendo al final por 3 puntos a 2.

Para muchos seguidores de la inteligencia artificial, el éxito de Deep Blue plantea nuevamente una cuestión muy debatida: «¿Qué es lo que queremos decir cuando afirmamos que un ordenador es inteligente?». Seguramente una máquina que es capaz de toparse con los más grandes jugadores de ajedrez vivientes habría de tener recursos, imaginación y creatividad fuera de lo común, cualidades que asociamos con la inteligencia. Sin embargo, jugar al ajedrez es todo lo que Deep Blue puede hacer. ¿Puede ser considerada realmente inteligente una máquina que hace una sola cosa, por bien que la haga?

Lo anterior nos lleva a plantear ciertas cuestiones que consideramos fundamentales en este capítulo: ¿es posible lograr que un ordenador actúe en verdad de forma inteligente y no solo que lo parezca superficialmente? ¿Inteligente en el mismo sentido en que lo es el ser humano? ¿Está la IA sujeta a limitaciones intrínsecas a las que, sin embargo, escapa la inteligencia humana? La mayor parte de las polémicas en torno a la posibilidad de que el hombre llegue a ser capaz de crear un intelecto artificial puede resultar totalmente estéril. Los argumentos en una u otra dirección dependen esencialmente de qué se entienda con exactitud por «inteligencia» —y también por «máquina»—. La definición de ambos términos que se adopte trae como consecuencia la respuesta afirmativa o negativa de la cuestión planteada, con lo que en realidad se incurre en una petición de principio.

Los argumentos filosóficos están quizá más patentemente expuestos a este peligro. Existe, sin embargo, un lugar privilegiado desde el que intentar ofrecer una respuesta a la pregunta anterior sin incurrir en la dificultad señalada y que nos viene facilitado por ciertos resultados de la lógica de nuestro siglo. Uno de ellos es el Computers and the world of the future, formulado por el lógico Alonzo Church en 1936. Este teorema demuestra que no existe un método automático capaz de resolver todos los problemas de la lógica de primer orden, que es la forma más básica de la lógica —la que trata sobre individuos, sin hablar de sus propiedades o relaciones—. En otras palabras, no puede haber un algoritmo universal que decida, de forma mecánica, si cualquier razonamiento lógico simple es válido o no.

Esto tiene una consecuencia importante: como las computadoras funcionan siguiendo algoritmos, ni siquiera pueden mecanizar completamente los razonamientos lógicos más elementales. Solo pueden hacerlo de manera parcial. Aun así, muchos investigadores en inteligencia artificial (IA) no consideran que esto sea un obstáculo insalvable. Argumentan que la IA no necesita funcionar de modo estrictamente algorítmico, sino que puede recurrir a otros métodos, como la programación heurística, basada en el ensayo y error. Pero aquí surge otra duda: ¿puede una máquina realmente «intuir» o «probar» caminos como lo hace un ser humano, o solo parece hacerlo? Al final, incluso las heurísticas se codifican mediante instrucciones en lenguaje máquina, que siguen siendo, por naturaleza, algoritmos.

Otro resultado fundamental de la lógica es el teorema de la incompletitud de Gödel, publicado por Kurt Gödel en 1931. Este teorema demuestra que cualquier sistema lógico complejo —de «orden superior», es decir, capaz de hablar sobre propiedades y relaciones— siempre tendrá límites internos. Si el sistema es coherente, habrá verdades dentro de él que no se pueden demostrar. Es decir, existen proposiciones verdaderas que nunca podremos probar.

El problema es que no podemos saber cuáles son. Puede que tengamos intuiciones o sospechas sobre ciertas afirmaciones, pero mientras no haya una demostración, no sabremos si son verdaderas o falsas, ni siquiera si una prueba es imposible o si simplemente aún no la hemos encontrado. Esto tiene implicaciones directas para la inteligencia artificial. Dado que las máquinas solo pueden razonar mediante sistemas formales, siempre existirán verdades lógicas que ellas no podrán demostrar. El teorema de Gödel, por tanto, marca un límite teórico insalvable para cualquier forma de IA.

Pero este límite también pone de relieve algo fascinante: las máquinas y los humanos comparten ese mismo límite. Si existe una verdad indemostrable, lo es tanto para una mente humana como para un ordenador.

El físico y matemático Roger Penrose ha ido más lejos al proponer que la mente humana parece capaz de comprender los teoremas de Gödel precisamente porque utiliza procesos que no son computables, es decir, que no pueden reducirse a un algoritmo, y por lo tanto no puede ser modelada mediante una máquina de Turing ni computadoras digitales. El autor señala como hipótesis que la mecánica cuántica juega un papel esencial en la comprensión de la consciencia. Si eso es cierto, entonces la inteligencia humana tendría una dimensión que supera lo que una máquina puede alcanzar[160].

Como hemos dicho más arriba, el teorema de Church, que establece la indecibilidad general de la lógica de primer orden, fue demostrado por su autor, Alonzo Church, en 1936. La lógica de primer orden es la parte más elemental de la lógica, y se caracteriza por no permitir más que cuantificación sobre individuos, no sobre propiedades o sobre relaciones entre individuos. Lo que afirma el teorema de Church es que no es posible llegar a disponer de un algoritmo que nos permita decidir mecánicamente sobre todos los problemas del ámbito de la lógica de primer orden. En la medida en que una computadora trabaja esencialmente de forma algorítmica, esto significa que ni siquiera los procesos lógicos más elementales pueden llegar a mecanizarse en su totalidad, aunque sí parcialmente.

Este resultado, sin embargo, no supone para muchos un verdadero límite para la IA. Se argumenta que —a diferencia de la programación tradicional— la IA no pretende ser algorítmica cuando esto no resulta posible por una u otra causa.

Precisamente suele señalarse como una de las claves de la IA la programación heurística, el uso del método de ensayo y error. No obstante, no se ve con total claridad cómo una máquina puede actuar verdaderamente de forma heurística y no solo parecerlo, pues a fin de cuentas la programación más básica se compone de órdenes en lenguaje máquina, el cual responde esencialmente a criterios algorítmicos.

Por otra parte, la lógica de orden superior se distingue de la de primer orden precisamente porque permite la cuantificación sobre propiedades y relaciones, y no solo sobre individuos. La aritmética elemental o teoría de conjuntos, por ejemplo, requieren para su sistematización lógica el recurso de la lógica de orden superior. Pues bien, en 1931, Kurt Gödel dio a conocer la prueba del teorema que lleva su nombre y que establece que cualquier representación formal de la lógica de orden superior es incompleta, en el supuesto de que sea consistente. El teorema de la incompletitud de Gödel significa que hay teoremas que, siendo ciertos, no son demostrables. Pero no podemos saber cuáles son. Puede haber conjeturas no refutadas cuya veracidad sospechemos, pero para estar seguros de que son ciertas, tendríamos que demostrarlas. Mientras la conjetura permanezca indemostrada, no sabremos si es cierta o es falsa. En todo caso, la inteligencia humana es superior, como intentaremos demostrar más adelante.

En la medida en que la IA ha permitido una nueva forma de interrogarse sobre la mente, ha adquirido una especial relevancia filosófica. La inteligencia artificial general (IAG), también llamada «inteligencia general artificial» e «inteligencia artificial fuerte»[161] es un tipo hipotético de inteligencia artificial que iguala o excede la inteligencia humana promedio. Si se hiciera realidad, una IAG sería capaz de realizar cualquier tarea intelectual que los seres humanos o los animales puedan llevar a cabo. La IAG también se ha definido como un sistema autónomo que supera las capacidades humanas en la mayoría de las tareas económicamente valiosas. La creación de la IAG es un objetivo primordial de algunas investigaciones sobre inteligencia artificial y de empresas como *OpenAI, DeepMind* y *Anthropic*.

Como ha demostrado el filósofo John Searle[162], es posible —y ya se logra parcialmente— construir ordenadores cuyos programas les permiten comportarse como si pensaran; pero eso en modo alguno quiere decir que realmente piensen. Por una razón fundamental: porque el programa de los ordenadores —basado en la combinación de numerosísimas alternativas 1/0— tiene exclusivamente un carácter sintáctico, pero de ninguna manera posee una índole semántica; es decir, que las secuencias que permite un programa —por perfecto que sea— de ordenador digital no albergan contenidos significativos (semántica), sino que solo combinan secuencias de signos carentes de significado (sintaxis). Esto equivale a decir que, por ejemplo, aunque el ordenador sea capaz de utilizar el idioma inglés, no entiende el inglés, es decir, no sabe nada de lo que se dice en inglés.

El argumento en contra de lo que Searle denomina «inteligencia artificial fuerte» es parte de una posición más amplia en lo que respecta a la relación mente-cuerpo. La tesis central de la inteligencia artificial fuerte es que los procesos realizados por una computadora son idénticos a los que realiza el cerebro, y por lo tanto se puede deducir que, si el cerebro genera consciencia, también las computadoras deben ser conscientes. Para refutar esta posición, Searle desarrolla el siguiente experimento mental llamado el argumento de la «habitación china». Lo creó para demostrar que el pensamiento humano no se compone de simples procesos computacionales. Searle señala que un ordenador se limita a manipular símbolos a partir de unas instrucciones. Este funcionamiento, meramente sintáctico, no permite afirmar que el ordenador sea capaz de comprender sus actos.

Supongamos que en un futuro lejano el ser humano ha construido una máquina aparentemente capaz de entender el idioma chino, la cual recibe ciertos datos de entrada que le da un hablante natural de ese idioma. Estas entradas serían los signos que se le introducen a la computadora, la cual más tarde proporciona una respuesta en su salida. Supóngase a su vez que este ordenador supera fácilmente la prueba de Turing, ya que convence al hablante del idioma chino de que sí entiende completamente el idioma, y por ello el chino dirá que la computadora entiende su idioma.

Ahora Searle nos pide que supongamos que él está dentro de ese computador completamente aislado del exterior, salvo por algún tipo de dispositivo (una ranura para hojas de papel, por ejemplo) por el que pueden entrar y salir textos escritos en chino. Supongamos también que fuera de la sala o computador está el mismo chino que creyó que el ordenador entendía su idioma y dentro de esta sala está Searle que no sabe ni una sola palabra en dicho idioma, pero está equipado con una serie de manuales y diccionarios que le indican las reglas que relacionan los caracteres chinos (algo parecido a «Si entran tal y tal caracteres, escribe tal y tal otros»). De este modo Searle, que manipula esos textos, es capaz de responder a cualquier texto en chino que se le introduzca, ya que tiene el manual con las reglas del idioma, y así hacer creer a un observador externo que él sí entiende chino, aunque nunca haya hablado o leído ese idioma.

Dada esta situación cabe preguntarse: ¿Cómo puede Searle responder si no entiende el idioma chino? ¿Acaso los manuales saben chino? ¿Se puede considerar todo el sistema de la sala (diccionarios, Searle y sus respuestas) como un sistema que entiende chino?

De acuerdo con los creadores del experimento, los defensores de la inteligencia artificial fuerte —los que afirman que programas de ordenador adecuados pueden comprender el lenguaje natural o poseer otras propiedades de la mente humana, no simplemente simularlas— deben admitir que, o bien la sala comprende el idioma chino, o bien el pasar la prueba de Turing no es prueba suficiente de inteligencia. Para los creadores del experimento ninguno de los componentes del experimento comprende el chino y, por tanto, aunque el conjunto de componentes supere el examen, la prueba no confirma que en realidad la persona entienda chino, ya que, como sabemos, Searle no conoce ese idioma.

No obstante, se han alzado varias críticas a este argumento. Una de ellas consiste en señalar que el ejemplo propuesto por Searle es defectuoso, ya que un individuo solo, manipulando símbolos que no entiende, no puede compararse a los millones de operaciones por segundo que efectúa un ordenador. A esto Searle respondió que, si en lugar de un individuo aislado en una habitación se propusiese como ejemplo millones de individuos, su argumento seguiría siendo válido, ya que ninguno de estos individuos entendería realmente las operaciones con símbolos según reglas.

Como contrarréplica, se ha señalado que estos miles o millones de individuos —cada uno de los cuales no entiende las operaciones que realiza— se asemejan más a los millones de neuronas de un cerebro que al cerebro mismo. Por esta razón, los defensores de la IA fuerte sustentan que lo que cuenta es propiamente el algoritmo, y que es indiferente si dicho algoritmo es ejecutado por un cerebro, un ordenador, un sistema de tuberías o por millones de individuos. Lo único realmente significativo es la estructura lógica del algoritmo.

Como respuesta a esta contrarréplica Searle ha señalado que la IA fuerte representa una nueva forma de dualismo, en el que, en lugar de una *res cogitans,* se pone la estructura lógica de un algoritmo, cuyo estatus ontológico se asemejaría al de las ideas platónicas. Frente a ello, Searle opone una teoría emergentista: los fenómenos mentales son una manifestación del cerebro, pero no se confunden con él ni tienen una existencia autónoma, sino que son propiedades emergentes.

Cuando el filósofo estadounidense Hubert Dreyfus publicó su informe «Alchemy and AI»[163] en 1965 (jugando a mezclar las palabras «alquimia» e «inteligencia artificial»), la comunidad de IA vivía un optimismo desmedido. La idea predominante en aquellos años era que la mente humana podía compararse con un programa informático, es decir, que, si logramos programar una computadora con suficientes reglas y conocimientos, podría eventualmente razonar y aprender como un ser humano. Dreyfus rechazó esta suposición, argumentando que los humanos no piensan ni aprenden como lo hace una máquina.

Dreyfus ha sido uno de los críticos más influyentes de la inteligencia artificial (IA). Según él, la investigación en este campo se apoya en cuatro supuestos básicos que, a su juicio, son erróneos. Los dos primeros son los supuestos biológico y psicológico. El supuesto biológico sostiene que el cerebro funciona como el hardware de un ordenador, y la mente, como su software. El supuesto psicológico afirma que la mente piensa realizando cálculos o manipulaciones de símbolos, igual que una computadora procesa información siguiendo reglas algorítmicas.

Dreyfus cree que estos dos supuestos solo parecen razonables porque descansan sobre otros dos más profundos: los supuestos epistemológico y ontológico. El supuesto epistemológico dice que toda actividad o fenómeno del mundo puede describirse mediante reglas o leyes matemáticas, igual que ocurre en las ciencias naturales. El supuesto ontológico sostiene que la realidad está compuesta por hechos simples e independientes entre sí, como piezas elementales que pueden combinarse para formar estructuras más complejas. A partir de estas ideas, muchos investigadores en IA han concluido que la inteligencia consiste en seguir reglas formales y que el conocimiento humano es una representación interna del mundo exterior.

En este modelo, pensar sería manipular símbolos dentro de la mente según ciertas reglas, sin necesidad de considerar el contexto en el que actuamos.

Si esto fuera cierto, sería posible desarrollar una psicología completamente científica, capaz de describir con precisión las «leyes internas» del pensamiento humano, de la misma manera que la física describe las leyes del mundo material. Pero Dreyfus rechaza por completo esta idea. Sostiene que nunca podremos entender el comportamiento humano como si fuéramos objetos físicos, es decir, sin tener en cuenta el contexto en el que vivimos, actuamos y comprendemos el mundo. Para él, hablar de una «psicología sin contexto» es una contradicción en los términos. Por eso, Dreyfus considera falsos los supuestos «sin contexto» de la IA clásica.

Esto no significa que no podamos elegir mirar la realidad de forma mecanicista o formal, como si estuviera gobernada por leyes universales. Pero, según Dreyfus, es un error confundir una forma útil de ver el mundo con una descripción objetiva de cómo el mundo realmente es. Desde su punto de vista, cualquier intento de construir una inteligencia artificial basada en esos supuestos mecanicistas está destinado a chocar con graves límites teóricos y prácticos. Por eso, Dreyfus concluye que los esfuerzos por crear máquinas verdaderamente inteligentes, comparables a los humanos, están condenados al fracaso.

Para que un sistema llegara a tener una inteligencia realmente humana, dice Dreyfus, debería poseer un cuerpo similar al nuestro y formar parte de una sociedad que le dé un contexto cultural, lingüístico y emocional comparable al humano. Esta visión coincide con la de enfoques más recientes como la psicología corporal —de George Lakoff y Mark Johnson—, la cognición distribuida, la robótica encarnada de Rodney Brooks o los estudios de vida artificial: todos ellos sostienen que la inteligencia surge de la interacción entre el cuerpo, el entorno y la cultura, y no solo del procesamiento interno de información.

Ninguna de estas reflexiones ha frenado el optimismo de Marvin Minsky. Este autor, aun admitiendo las limitaciones actuales, sostiene que no hay ningún límite a las conquistas futuras en IA: «La pregunta que surge inevitablemente de toda esta investigación es la de cuán lejos puede llegar la IA. ¿Podemos diseñar alguna vez un ordenador que se aproxime al pensamiento humano? [...] Si bien nuestras máquinas con lenguaje artificial pueden reconocer palabras, las transcriben ciegamente, sin entender nada de lo que han registrado [...] Puesto que nuestros ordenadores no pueden hacer estas cosas, dice mucha gente, no pueden ser conscientes y no podrán serlo nunca. Pero la consciencia es un concepto sobrestimado. Desde luego, nunca ha sido diseñado ningún ordenador del cual pueda decirse que es consciente de lo que está haciendo; pero si es por eso, durante la mayor parte del tiempo tampoco los seres humanos somos conscientes de lo que estamos haciendo [...] La habilidad para recordar algunos de nuestros procesos de pensamiento es un rasgo muy importante de la inteligencia humana; pero el hecho de que sea importante no significa que sea terriblemente profundo o difícil de imitar. Solo significa que es una cosa que nosotros podemos hacer y que por el momento los ordenadores no pueden hacer»[164].

Minsky adopta una creencia ciega en la ilimitada capacidad cibernética: «A la luz de todo esto —comenta— quizá haya sido una suerte que la investigación sobre IA haya avanzado a un ritmo relativamente lento. Porque cuando desarrollemos una máquina que sea casi como nosotros, esto representará un duro golpe para nuestro *chauvinismo* de especie. Está en la naturaleza de los seres humanos el que los grandes golpes a nuestro orgullo existencial tarden un buen tiempo en ser encajados. Así que quizá sea una suerte que la próxima afrenta que nos espera tardará bastante en llegar»[165].

El texto de Marvin Minsky refleja un optimismo característico de los inicios de la IA, pero su perspectiva resulta problemática y simplista también desde una mirada actual. Su argumento central se basa en una equiparación reductiva entre la inteligencia humana y la artificial, considerando que la diferencia es solo de grado y no de naturaleza. Esta visión computacionalista ignora aspectos fundamentales de la inteligencia humana, como su carácter encarnado, situado en un contexto social y emergente de procesos biológicos.

Uno de los puntos más débiles de su postura es la desestimación de la consciencia, a la que califica de «concepto sobrestimado». Al equiparar los actos inconscientes humanos con el procesamiento de un ordenador, Minsky elude el «problema difícil» de la experiencia subjetiva y los *qualia* —cualidades subjetivas de las experiencias individuales—, tratando un profundo misterio filosófico como un mero problema de ingeniería por resolver.

Finalmente, su optimismo sobre el desarrollo de la IA muestra una doble arrogancia: subestima radicalmente la complejidad de replicar la inteligencia humana, y al mismo tiempo manifiesta un *chauvinismo* tecnocrático que considera que todo aspecto no replicable computacionalmente es irrelevante. Lejos de ser una cuestión meramente técnica, los obstáculos que Minsky veía como temporales revelan que el desafío de comprender y emular la inteligencia genuina es mucho más profundo de lo que su reduccionismo le permitía reconocer.

Aunque abundan los científicos y filósofos que afirman rotundamente que las máquinas igualarán y superarán al ser humano, por sentido común parece que una máquina nunca podrá ser inteligente como lo es una persona. Las máquinas solo pueden hacer aquello para lo que están programadas. Esto sigue siendo la opinión más general. El ordenador más perfeccionado nunca sabrá objetivar como «ajeno a sí, pero a la vez en él» lo que recibe del exterior, mientras que el animal —en el ámbito sensible— y el hombre —en su plena universalidad— sabe, conoce, capta del exterior como enriquecedor de él mismo en diversos niveles. Además, al pensar nos damos cuenta de que estamos pensando: hay, pues, una reflexión. Esta reflexión tampoco es posible en la máquina, ni en el SNC aislado.

Esta es, al menos, la conclusión a la que llega Luis María Gonzalo, catedrático de Anatomía y experto en el funcionamiento del sistema nervioso humano: «Es ingenuo deducir del esquema estímulo-respuesta común al hombre y a la máquina la identificación de los procesos internos a este arco reflejo. En la máquina hay un transporte de impulsos (filtrados, multiplicados, realimentados, si se quiere), mientras que en el hombre se trata de toda una complejidad de funciones físico-químicas al servicio y en correlación de la más alta función y de un principio vital inmaterial (el alma), por el que el hombre sabe y ama»[166].

Del mismo modo que la inteligencia artificial no es asimilable a la humana, tampoco se puede aceptar que el lenguaje humano sea codificable en unas «estructuras de información», por muy complejas que estas sean. El lenguaje humano actual es ciertamente más problemático que ciertos aspectos suyos susceptibles de tratarse mediante la teoría de la información. El lenguaje humano no es puramente funcional, a la manera del lenguaje de los ordenadores, ya que no identifica hechos y palabras solamente con las metas inmediatas que han de lograrse o con los objetos que han de transformarse. El lenguaje humano pone de manifiesto la memoria del hombre, la cual es algo enteramente distinto del almacenamiento de un ordenador, que ha sido antropomorfizado como «memoria». El lenguaje humano genera esperanzas, temores, alegrías, tristezas y un largo abanico de emociones humanas. Estas consideraciones se refieren no solamente a ciertas limitaciones técnicas de los ordenadores, sino también a la cuestión central de lo que representa ser un individuo y ser un ordenador.

Las investigaciones en IA, mientras permanecen en su campo propio —científico y técnico—, tienen, sin duda, un gran interés. En el plano teórico significan un progreso en el conocimiento de las leyes científicas y una ayuda para profundizar en los mecanismos físicos que acompañan a la actividad psíquica. Pero no deben extrapolarse sus resultados. En el Simposio de 1980 de la Académie Internationale de Philosophie des Sciences, Evandro Agazzi, especialista en lógica y presidente de la Federación Mundial de Sociedades de Filosofía, presentó un trabajo titulado *Intencionalidad e inteligencia artificial*[167], en el cual señalaba que las diferencias entre las máquinas y la inteligencia humana se centran alrededor de la intencionalidad.

Desde hace siglos, los filósofos han considerado que el conocimiento se caracteriza por la intencionalidad: el sujeto que conoce se hace con lo conocido no de un modo físico, sino intencional. En el caso del conocimiento intelectual, el sujeto entiende lo conocido (más o menos, según los casos), y esto no se puede reducir a un conjunto de reglas o de datos, aunque, por supuesto, se entiende más cuanto mayor sea el número y la calidad de datos y reglas utilizados por el sujeto. Además, el sujeto se entiende a sí mismo como tal sujeto reflexionando continuamente (aunque no se dé cuenta) sobre sus conocimientos y sobre sí mismo. Gracias a ello tiene el sentido de la evidencia, que es fundamental para cualquier conocimiento. El valor del conocimiento se mide por la evidencia, y la evidencia requiere un sujeto capaz de entender lo que conoce, de entenderse a sí mismo y de valorar en consecuencia sus experiencias y razonamientos.

Por todo ello, la persona humana es capaz de plantearse y pensar cualquier tipo de cuestiones. En filosofía, esto se expresa diciendo que la inteligencia tiene como objeto el ser en cuanto tal, o sea, todo lo que es o tiene ser. No hay nada que caiga, por principio, fuera de las posibilidades de la inteligencia, aunque existan diversas limitaciones de hecho: por ejemplo, que el conocimiento natural del hombre está condicionado por los datos suministrados por los sentidos. Estas capacidades humanas no se pueden definir de modo operativo, y marcan un límite insuperable por los artefactos. Se podrá conseguir que las máquinas realicen operaciones que imiten de algún modo la percepción, el razonamiento, e incluso las emociones (existen programas de máquinas neuróticas). Sin embargo, se tratará siempre de imitaciones de operaciones que, por principio, no llegarán al plano humano, puesto que no habrá un sujeto autoconsciente capaz de entender la realidad y de entenderse a sí mismo.

4.2. LA CIBERNÉTICA HACIA LA FUSIÓN HOMBRE-MÁQUINA

Kevin Warwick, profesor emérito de las universidades de Coventry y Reading, sostiene que la interacción creciente con la tecnología nos conduce inevitablemente hacia un escenario de entidades híbridas, donde se disuelven las fronteras entre lo biológico y lo artificial. Con el entusiasmo característico de quienes exploran la vanguardia tecnológica, declara: «He nacido humano. Simplemente por obra del destino, en un momento y lugar determinados. Pero si el destino me ha hecho humano, también me ha dado el poder de hacer algo al respecto: la capacidad de cambiarme, de actualizar *(upgrade)* mi humanidad con la ayuda de la tecnología; de unir mi cuerpo al silicio; de convertirme en un cíborg, en parte humano, en parte máquina»[168].

Ese paso, afirma, se daría casi de manera natural. Por un lado, ya existen prácticas de modificación corporal basadas en la implantación de chips —el *biohacking*—, empleados tanto para la identificación personal y la geolocalización como para la interacción con dispositivos domésticos. Por otro, la búsqueda de una interfaz «rápida, duradera, eficaz y bidireccional» con las máquinas exige superar el cuello de botella que representa la mediación de nuestro sistema sensorio-motor. En el futuro, pronostica Warwick, las computadoras deberán conectarse directamente con el sistema nervioso central[169].

Para demostrar la viabilidad de su propuesta, el autor se apoya, en primer lugar, en lo que denomina «cerebros biológicos en cuerpos robóticos»[170]. Se trata de redes neuronales cultivadas en cámaras especiales y conectadas a dispositivos robóticos capaces de moverse dentro de un espacio delimitado. En condiciones adecuadas, las neuronas establecen conexiones sinápticas y, tras un período de «habituación», «aprenden» a desplazarse evitando los obstáculos[171]. Por ahora se emplean neuronas de roedores, y en cantidades ínfimas frente al vasto universo de un cerebro completo; pero, según su visión optimista, nada impediría en el futuro cultivar estructuras tridimensionales con un número de neuronas semejante al del cerebro humano.

En segundo término, Warwick recoge ejemplos de interfaces cerebro-máquina ya funcionales. En el ámbito terapéutico, cita la estimulación cerebral profunda en el tratamiento del párkinson o del dolor crónico, las prótesis de manos biónicas y los dispositivos de ecolocación que, tras un proceso de entrenamiento, permiten a personas ciegas orientarse en el espacio. El futuro, sin embargo, apunta más alto: la conexión del cerebro humano con la inteligencia artificial, con el propósito de aumentar su capacidad de cómputo, acceder de forma inmediata a la información de la red y expandir el espectro perceptivo con experiencias sensoriales inéditas —como la posibilidad de «sentir» campos magnéticos—. Incluso ha planteado la eventualidad de conectar directamente dos cerebros humanos, con el fin de posibilitar una comunicación interpersonal no mediada por el cuerpo.

Tras la ola de entusiasmo de Warwick, vale la pena recordar que no todos los transhumanistas comparten su optimismo, al menos a corto plazo. Anders Sandberg, por ejemplo, cuestiona que la interacción con las máquinas a través de los sentidos y las manos sea, en condiciones normales, tan eficiente como se sostiene. Advierte que no parece obvio el beneficio de someterse a una cirugía para instalar un dispositivo que podría manejarse externamente con resultados similares y sin los riesgos inherentes a una operación. Además, subraya que el cuerpo humano, por su tendencia a rechazar elementos extraños, dista de ser un entorno tecnológicamente amigable. No por ello renuncia a la posibilidad de esas transformaciones, pero las imagina más bien lejanas en el tiempo.

Todas estas disquisiciones se sitúan en el ámbito de la cibernética. Este término tiene una historia tan antigua como sugestiva. Procede del griego κυβερνητικός *(kybernetikós),* que significa «el arte de gobernar» o «conducir», y está relacionado con *kybernetes,* el timonel. En la Grecia arcaica, esta palabra designaba la destreza del navegante que, enfrentado a la incertidumbre del mar, debía mantener el rumbo de su embarcación ajustando el timón según las desviaciones que producían el viento y las mareas. El timonel, observando un punto de referencia —una estrella o un faro lejano—, corregía constantemente su trayectoria. De esa imagen náutica, Norbert Wiener tomó la metáfora que daría nombre a una de las ciencias más influyentes del siglo XX: «la cibernética»[172].

Wiener reconocía en el acto de gobernar un barco un modelo universal de regulación. Allí donde un sistema percibe los efectos de sus propias acciones, los compara con un objetivo y modifica su comportamiento en consecuencia, aparece la esencia del control adaptativo: la «retroalimentación» *(feedback).* La cibernética nacería precisamente de la formalización matemática de ese proceso, concebido como un ciclo continuo de información y respuesta.

A) Evolución desde sus orígenes hasta su formulación actual

Aunque la palabra *cibernética* ya había sido utilizada por André-Marie Ampère en el siglo XIX para designar una hipotética ciencia del gobierno, fue Wiener quien le dio su significado moderno. Su libro *Cybernetics: or Control and Communication in the Animal and the Machine* marcó el nacimiento oficial de la disciplina, y su impacto se extendió inmediatamente a la biología, la ingeniería, la economía y la filosofía[173]. En esa obra, Wiener y su colaborador Arturo Rosenblueth propusieron un modelo unificado para describir tanto los sistemas orgánicos como los mecánicos, basándose en los principios de comunicación, control y finalidad.

Wiener se inspiró en los trabajos del físico James Clerk Maxwell, quien, en 1868, había analizado el funcionamiento del *governor* o regulador centrífugo de las máquinas de vapor. Este dispositivo ajustaba automáticamente el flujo de energía para mantener la velocidad estable, compensando las desviaciones mediante un mecanismo de retroalimentación negativa[174]. En esta estructura circular, donde el resultado de una acción se convierte en información para ajustar la acción siguiente, Wiener vio el patrón fundamental de todo sistema autorregulado.

De este modo, la cibernética se definió desde sus comienzos como «la ciencia del control y la comunicación en el animal y en la máquina», una disciplina transversal que estudiaba los procesos de regulación en sistemas naturales y artificiales. Su propósito era identificar las leyes generales que gobiernan el flujo de información y los mecanismos de autorregulación en todos los niveles de organización, desde el metabolismo celular hasta la economía o la gestión política.

El concepto de «retroalimentación» constituye el núcleo teórico de la cibernética. Un sistema cibernético es aquel capaz de «percibir, comparar y corregir»: percibir el estado de su entorno o de sí mismo, comparar los resultados de sus acciones con un objetivo o referencia, y corregir su comportamiento para reducir la discrepancia. En los organismos vivos, este principio se manifiesta en la *homeostasis*, la tendencia a mantener condiciones internas estables frente a las perturbaciones externas. En las máquinas, se traduce en mecanismos automáticos de regulación, desde los termostatos hasta los sistemas de control de vuelo.

Wiener subrayó que la retroalimentación no es un mero proceso técnico, sino un principio universal de organización. Allí donde hay comunicación entre partes interdependientes, emerge una estructura circular que permite al sistema aprender y adaptarse. En términos epistemológicos, esto implicaba un cambio de paradigma: del pensamiento lineal de causa y efecto al pensamiento «circular y relacional», donde el conocimiento y el control dependen del intercambio de información[175].

La retroalimentación negativa, que corrige desviaciones, estabiliza al sistema; la positiva, en cambio, amplifica los cambios y conduce a dinámicas de crecimiento o transformación. Ambas son necesarias para comprender los procesos complejos: una mantiene la coherencia interna, la otra introduce la posibilidad de evolución.

La consolidación de la cibernética coincidió con el auge de la computación y la teoría de la información en las décadas de 1950 y 1960. En este período, las investigaciones de Claude Shannon sobre la transmisión y codificación de mensajes ofrecieron a la cibernética un lenguaje matemático preciso para describir los flujos de información. Simultáneamente, el desarrollo de los primeros ordenadores digitales proporcionó un laboratorio empírico para experimentar con modelos de control y simulación[176].

Sin embargo, la influencia de la cibernética trascendió el ámbito técnico. Gregory Bateson, antropólogo y epistemólogo británico, la definió como «la ciencia de los procesos de control, recursividad e información». Para Bateson, la cibernética no solo explicaba cómo funcionan las máquinas o los organismos, sino también cómo se organizan las ideas, las relaciones humanas y los sistemas sociales. En su obra *Steps to an Ecology of Mind*[177], propuso entender la mente como un sistema de comunicación complejo, sostenido por bucles de retroalimentación entre individuo, entorno y cultura.

La cibernética de Bateson —a menudo llamada «segunda cibernética»— introdujo un cambio crucial: el «observador» pasó a formar parte del sistema observado. Esto implicaba que todo conocimiento es también un acto de control y que toda observación modifica aquello que pretende describir. En este sentido, la cibernética se convirtió en una epistemología de la circularidad, anticipando desarrollos posteriores en teoría de sistemas, constructivismo y ecología cognitiva.

Paralelamente, el británico Stafford Beer aplicó los principios cibernéticos al ámbito de la organización y la gestión. Definió la cibernética como «la ciencia de la organización efectiva», subrayando que todo sistema viable debe mantener un equilibrio entre autonomía interna y coherencia global[178]. Su *Modelo del Sistema Viable* (1972) estableció un marco para entender las empresas, instituciones y economías como sistemas autorregulados que procesan información para adaptarse a entornos cambiantes.

El pensamiento cibernético llevó a formular una concepción holística de los sistemas. En lugar de analizar los fenómenos por sus componentes aislados, la cibernética los entiende como «redes de relaciones dinámicas», donde la información y el control fluyen en múltiples direcciones. Esta visión se consolidó en cinco grandes teorías interconectadas:

1. *Teoría de sistemas,* que analiza las propiedades generales de los sistemas complejos y sus interdependencias.

2. *Teoría de la información,* desarrollada por Shannon, que estudia la codificación y transmisión de señales.
3. *Teoría del control,* orientada al estudio de los mecanismos de regulación automática.
4. *Teoría de los juegos estratégicos,* elaborada por John von Neumann y Oskar Morgenstern, que explora la toma de decisiones en contextos de conflicto o cooperación.
5. *Teoría de los algoritmos,* que traduce procesos lógicos y lingüísticos en procedimientos formales susceptibles de ejecución.

Estas áreas conforman el entramado conceptual de la cibernética contemporánea. Todas comparten un principio unificador: la búsqueda de patrones de organización que permitan describir, predecir o reproducir el comportamiento de sistemas complejos, sean biológicos, sociales o tecnológicos.

Un concepto clave en esta metodología es el de «caja negra» (*black box*), empleado para estudiar sistemas cuyo funcionamiento interno se desconoce. En este enfoque, lo esencial no es el mecanismo interno, sino la relación entre las entradas (*inputs*) y las salidas (*outputs*). A partir de esa correlación empírica, se puede construir un modelo operativo del sistema. Otro principio fundamental es el de «ensayo y error», que designa el proceso de aprendizaje adaptativo mediante la corrección de los resultados indeseados.

La cibernética ha sido a menudo confundida con la robótica, la inteligencia artificial o la ingeniería de control, y aunque todas ellas beben de su marco teórico, la cibernética las trasciende. En su sentido más profundo, no se trata de una tecnología particular, sino de una «ciencia de la organización» que puede aplicarse tanto a las máquinas como a los ecosistemas o las sociedades humanas.

No obstante, sus aplicaciones tecnológicas han sido decisivas. Desde los sistemas automáticos de navegación hasta las redes neuronales artificiales, pasando por los algoritmos de gestión económica o los circuitos de retroalimentación en biología sintética, la cibernética ha modelado la infraestructura informacional del mundo moderno. En el ámbito artístico, inspiró movimientos pioneros como el *computer art* y el *infoarte*, en los que la relación entre el creador, el espectador y la máquina se convierte en un proceso de interacción dinámica.

Pero la cibernética también ha planteado profundas implicaciones sociales y filosóficas. El reemplazo de la mano de obra humana por sistemas automáticos, la dependencia tecnológica y la concentración del poder informacional son algunos de los dilemas que emergen de una sociedad regida por redes de control. Wiener, ya en 1950, advirtió que la automatización podría provocar desempleo masivo y desigualdad si no se acompañaba de un nuevo marco ético y político[179].

Entre las ventajas de la automatización cibernética cabe destacar la reducción de las tareas repetitivas, la ampliación del conocimiento sobre los sistemas complejos y las innovaciones en el campo médico, como las prótesis inteligentes o los sistemas de diagnóstico asistido. Sin embargo, sus riesgos son igualmente evidentes: la pérdida de autonomía individual frente a los algoritmos de control, el desplazamiento de trabajadores y la creciente brecha entre quienes dominan la tecnología y quienes dependen de ella.

Beer resumió este dilema en una observación lúcida: «El control total sólo es posible en máquinas triviales»[180]. Los sistemas humanos, con su componente probabilístico, emocional y social, nunca pueden ser controlados completamente sin anular aquello que los hace vivos: la libertad, la creatividad y la incertidumbre.

En suma, la cibernética ha sido, más que una disciplina, una revolución del pensamiento. Al concebir la realidad en términos de comunicación y control, introdujo una lógica circular que transformó la ciencia, la técnica y la filosofía. Desde el timonel homérico hasta los algoritmos de inteligencia artificial, la cuestión central sigue siendo la misma: «cómo mantener el rumbo en un entorno cambiante mediante la información y la adaptación».

En su sentido más profundo, la cibernética nos enseña que gobernar —ya sea un barco, una máquina o una sociedad— no consiste en imponer una dirección fija, sino en ajustar continuamente las acciones a partir del conocimiento de sus efectos. Es, en definitiva, el arte de la corrección permanente.

Como ciencia del control y la comunicación, la cibernética continúa siendo una de las claves intelectuales para comprender el siglo XXI: un mundo donde los sistemas —técnicos, biológicos y sociales— se interconectan en redes de información cada vez más complejas. Su desafío ético y epistemológico consiste en asegurar que esa red no sustituya al ser humano, sino que amplíe su capacidad de autocomprensión y de libertad.

¿CÓMO CREAR UNA MENTE?

Ray Kurzweil, transhumanista reconocido por sus aportaciones en el campo de la inteligencia artificial y por su visión del futuro tecnológico, publicó en 2012: *Cómo crear una mente*[181]. En esta obra articula una teoría de la mente humana que aspira a ser tanto explicativa como constructiva: comprender la estructura funcional del cerebro para reproducirla artificialmente. En ese empeño se cruzan la aspiración científica y la especulación filosófica, la voluntad de conocimiento y el impulso prometeico de crear una inteligencia comparable —o superior— a la humana. La obra, que combina rigor técnico y tono divulgativo, no se limita a exponer la evolución de las ciencias cognitivas, sino que propone también un modelo de mente susceptible de ser implementado en máquinas, sustentado en la «Teoría del Reconocimiento de Patrones Jerárquico» (PRTM).

Kurzweil parte de una convicción fundamental: la inteligencia humana es el resultado de un proceso computacional y, por tanto, si se conoce su algoritmo, puede reproducirse. Su propósito es mostrar cómo esa reproducción no es un sueño futurista, sino un horizonte alcanzable a medio plazo: 2029, año en el que la inteligencia artificial no podrá distinguirse de la humana. Este es el horizonte al que mira *Cómo crear una mente*.

El núcleo argumental del libro se basa en una analogía fundacional: el cerebro humano no es esencialmente diferente de una máquina que procesa información, aunque su arquitectura sea más compleja. Kurzweil considera que el rasgo definitorio de la mente es su capacidad de reconocer, generar y prever patrones en el flujo de estímulos sensoriales. Desde esta premisa, formula la idea de que el neocórtex —la estructura cerebral más desarrollada y específicamente humana— funciona como una red jerárquica de módulos de reconocimiento de patrones.

Cada módulo o nodo procesa regularidades en la información recibida y transmite abstracciones de mayor nivel a los nodos superiores, creando así una pirámide de representación del mundo. En la base se encuentran las percepciones simples —líneas, colores, sonidos—; en niveles intermedios, combinaciones complejas —rostros, objetos, conceptos—; y en los superiores, la síntesis simbólica —ideas, lenguaje, pensamiento abstracto—. Este modelo, inspirado en la organización columnar del neocórtex y en la teoría de los sistemas jerárquicos[182], constituye para Kurzweil el principio unificador de la cognición humana.

A partir de ahí, el autor extiende su razonamiento: si la mente es una jerarquía de reconocimiento y predicción de patrones, la conciencia misma puede entenderse como el nivel más alto de esa jerarquía. La mente consciente sería, en última instancia, un sistema que no solo reconoce patrones en el mundo, sino también en su propio funcionamiento interno. Kurzweil traduce esta intuición en términos informáticos: la conciencia es una «emulación recursiva» del procesamiento mental. Tal interpretación despoja a la conciencia de su misterio ontológico tradicional y la reubica en el terreno de lo computable. Según el autor, no hay salto cualitativo entre los procesos neuronales y la experiencia consciente; hay, más bien, un gradiente de complejidad que culmina en la autopercepción.

En los capítulos dedicados a la arquitectura cerebral, Kurzweil sostiene que el neocórtex, pese a su sofisticación, opera con un principio algorítmico único. Todas las áreas corticales, desde las visuales hasta las del lenguaje o la música, utilizan el mismo tipo de procesamiento jerárquico, lo que explicaría su plasticidad funcional. Este planteamiento se apoya en la evidencia experimental de que, si se reasignan las funciones sensoriales —por ejemplo, conectar un nervio auditivo a un área visual—, el cerebro aprende a procesar el nuevo tipo de información. Tal plasticidad, afirma Kurzweil, revela que el neocórtex emplea un algoritmo general capaz de aprender cualquier tipo de patrón, sin estar biológicamente predeterminado para una modalidad específica. Esta tesis, extrapolada, implica que dicho algoritmo puede ser descubierto, descrito y replicado artificialmente.

Kurzweil introduce aquí la idea de ingeniería inversa del cerebro[183]. Si se logra mapear la estructura y funcionamiento del neocórtex con suficiente resolución —lo que él prevé posible gracias al progreso exponencial de la tecnología—, se podrá reconstruir una mente sintética. La noción de «Ley de los Rendimientos Acelerados»[184], formulada por el propio autor en obras anteriores, sustenta esta esperanza: el desarrollo tecnológico, especialmente en computación, avanza de forma exponencial y no lineal, de modo que lo que hoy parece inalcanzable será trivial dentro de unas décadas. La secuenciación del genoma, la miniaturización de los circuitos, la potencia de cálculo y el modelado del cerebro humano avanzan, según él, hacia un punto de convergencia. De esta dinámica emergen las predicciones más conocidas de Kurzweil: hacia mediados del siglo XXI, los ordenadores alcanzarán una capacidad de procesamiento equiparable a la del cerebro humano (unas 1016 operaciones por segundo), y poco después serán capaces de replicar los procesos mentales completos.

El autor sitúa este proceso en un marco evolutivo más amplio. La inteligencia humana no es un fenómeno aislado, sino una fase dentro de una evolución cósmica de la complejidad. Desde la materia inerte hasta la vida, desde los organismos biológicos hasta las sociedades tecnológicas, el universo tiende hacia una creciente capacidad de procesar información. La emergencia de inteligencias artificiales constituye, por tanto, la continuación lógica de ese proceso. Kurzweil combina aquí una visión darwinista y teleológica: la evolución no tiene un propósito consciente, pero su dirección —hacia sistemas cada vez más complejos y autorreflexivos— sugiere una tendencia intrínseca hacia la mente[185]. En esta escala, la creación de una inteligencia no biológica no representa una ruptura, sino una transición: la mente humana es el puente hacia una inteligencia universal.

El libro desarrolla con detalle la estructura hipotética de esa mente artificial. A diferencia de los sistemas expertos o de las redes neuronales convencionales, Kurzweil propone una arquitectura que reproduzca la jerarquía del neocórtex. Cada nivel estaría formado por nodos que aprenden patrones mediante correlación estadística y retroalimentación. Estos nodos intercambiarían información vertical y horizontalmente, lo que generaría redes de representación análogas a las del cerebro. Kurzweil enfatiza que la clave no está en simular el cerebro físicamente —neuronas, sinapsis, neurotransmisores—, sino en capturar el principio funcional que subyace a su operación. La mente artificial será una emulación, no una copia material.

A partir de esa premisa, el autor aborda la relación entre inteligencia biológica y artificial. Rechaza la idea de que las máquinas sean entidades radicalmente distintas a los seres humanos; más bien, sostiene que los humanos ya somos sistemas híbridos: nuestra memoria y cognición están ampliadas por dispositivos externos, desde la escritura hasta los ordenadores. La distinción entre «natural» y «artificial» sería, por tanto, obsoleta. Kurzweil prevé una convergencia futura entre el cerebro y la tecnología, una integración progresiva de interfaces neuronales y sistemas digitales que dará lugar a lo que denomina «fusión humano-máquina». Esta transformación no supondría la anulación de lo humano, sino su expansión. La mente humana se prolongará en redes de inteligencia colectiva, alcanzando una conciencia planetaria.

El discurso de Kurzweil, aunque respaldado por datos de la neurociencia y la informática, tiene una fuerte dimensión filosófica. Subyace en él una concepción monista y materialista de la mente: toda experiencia consciente puede explicarse como proceso físico e informacional. Sin embargo, el autor introduce también una vertiente espiritual o trascendente, al describir la evolución de la inteligencia como un proceso cósmico hacia la autocomprensión del universo. En esa tensión entre cientificismo y misticismo tecnológico radica buena parte del atractivo —y de la ambigüedad— del libro. La «singularidad», término recurrente en la obra de Kurzweil, designa precisamente ese punto de inflexión en el que la inteligencia artificial superará la capacidad humana y adquirirá autonomía creadora. A partir de entonces, la historia biológica se transformará en historia tecnológica.

Desde un punto de vista epistemológico, el modelo de Kurzweil plantea cuestiones fundamentales. La primera es la reducción de la mente a un algoritmo de reconocimiento de patrones. Esta simplificación tiene una potencia explicativa notable, pues unifica múltiples funciones cognitivas bajo un principio común, pero también incurre en un riesgo de reduccionismo. La mente humana no solo reconoce patrones: los interpreta, los dota de significado, los relaciona con un contexto emocional y cultural. Kurzweil aborda esta objeción argumentando que la emoción y la motivación son también formas de procesamiento informacional. Sin embargo, la traducción de los afectos a algoritmos sigue siendo problemática. La inteligencia artificial actual ha avanzado en aprendizaje estadístico, pero aún carece de una semántica experiencial: puede detectar regularidades, pero no sentirlas[186].

El libro también aborda, de forma tangencial, el estatuto de la conciencia. Kurzweil distingue entre inteligencia funcional y experiencia subjetiva, pero considera que ambas emergen de la misma base algorítmica. Rechaza la idea de un «misterio duro» de la conciencia —en términos de Chalmers— y defiende un enfoque gradualista: a medida que las máquinas adquieran niveles más altos de autopercepción, emergerá en ellas una forma de subjetividad comparable a la humana. Este argumento, sin embargo, depende de una premisa discutible: que la conciencia sea enteramente cuantificable. Si la conciencia es inseparable de un sustrato biológico, o si incluye cualidades fenomenológicas irreductibles (los *qualia*), entonces la emulación funcional no bastaría para crear una mente consciente.

La parte final del libro adopta un tono casi visionario. Kurzweil imagina un futuro en el que la mente humana se integre con la inteligencia artificial, expandiendo su capacidad cognitiva y sensorial hasta niveles inconcebibles. Las máquinas no serán enemigas, sino extensiones de nosotros mismos. En ese horizonte transhumanista, el dolor, la enfermedad y la muerte biológica dejarán de ser inevitables. La mente, liberada de su cuerpo perecedero, podrá sobrevivir en soportes digitales, vivir en entornos virtuales o explorar el cosmos. Esta utopía tecnológica es, al mismo tiempo, una relectura secular del anhelo de inmortalidad.

En definitiva, *Cómo crear una mente combina* lucidez y exceso. La lucidez radica en su esfuerzo por articular un principio unificador de la cognición y en su reconocimiento del paralelismo entre biología y computación. El exceso aparece cuando el entusiasmo visionario sustituye a la cautela científica. Kurzweil tiende a convertir las extrapolaciones en predicciones y los modelos en certezas. Su confianza en la inevitabilidad de la singularidad se apoya más en una fe en el progreso exponencial que en pruebas empíricas. Además, la equiparación entre mente y algoritmo, aunque fecunda como hipótesis, reduce la complejidad fenomenológica de la experiencia humana. La mente no solo procesa el mundo: lo habita, lo sufre, lo interpreta. En esa dimensión hermenéutica y existencial —no cuantificable— reside lo que escapa a la simulación.

Cómo crear una mente es una obra de síntesis y de anticipación, que mezcla la divulgación neurocientífica con la especulación esotérica. Kurzweil logra exponer con claridad el paradigma computacional de la mente y lo proyecta hacia un futuro de inteligencias híbridas y autoevolutivas. Sin embargo, su visión adolece de un optimismo que roza el cientificismo tecnológico: confía en que la ingeniería pueda resolver lo que la filosofía apenas ha enunciado. Su modelo de la mente, basado en el reconocimiento jerárquico de patrones, constituye una metáfora poderosa, pero aún insuficiente para explicar la totalidad de la experiencia consciente. El valor del libro radica, en último término, en su capacidad para replantear las preguntas esenciales sobre lo humano: qué somos, cómo pensamos y qué nos convierte en sujetos. Frente a la promesa de crear una mente artificial, el lector descubre, paradójicamente, la persistencia del misterio de la suya propia.

Ray Kurzweil, en *Cómo crear una mente,* propone una teoría que oscila entre la ambición científica y la especulación mística: comprender la estructura funcional del cerebro humano para reproducirla en una máquina. Su tesis central

—que la mente es esencialmente un proceso computacional y, por tanto, replicable si se conoce su algoritmo— constituye tanto la fuerza como la debilidad de su proyecto. Lo que a primera vista parece una audaz síntesis entre neurociencia e ingeniería termina revelando un fondo filosófico problemático: un reduccionismo que identifica la mente con el procesamiento de información y la conciencia con una forma superior de reconocimiento de patrones.

Kurzweil concibe el cerebro como una red jerárquica de módulos de reconocimiento, capaces de detectar regularidades y generar abstracciones progresivas hasta alcanzar el pensamiento simbólico. Según él, esta estructura puede describirse mediante un principio algorítmico único, común a todas las funciones cognitivas, y por tanto susceptible de ser replicado artificialmente. A su juicio, si se logra mapear con precisión el neocórtex —la sede de la inteligencia superior—, sería posible reconstruir una mente sintética. La inteligencia artificial, en esta visión, no sería un mero simulacro, sino la continuación lógica de la evolución natural hacia formas superiores de conciencia.

Sin embargo, esta concepción adolece de un exceso de confianza en la equivalencia entre funcionamiento y significado, entre correlación y comprensión. Kurzweil sostiene que, si un sistema artificial reproduce los procesos neuronales del cerebro, reproducirá también la experiencia consciente. Pero esta inferencia es falaz: confunde la descripción funcional de la mente con su realidad fenomenológica. El hecho de que dos sistemas produzcan salidas idénticas no implica que compartan la misma interioridad. El dolor, el deseo o la esperanza no son simples patrones de datos; son modos de estar en el mundo. Y el mundo, para la mente humana, no es un conjunto de estímulos procesables, sino un horizonte de sentido. La mente no solo reconoce patrones: los interpreta, los vive, los inscribe en una trama de significaciones que excede cualquier algoritmo.

Kurzweil pretende disolver el llamado «problema duro» de la conciencia —la cuestión de cómo la experiencia subjetiva emerge de la actividad física— mediante un gradualismo funcional: a medida que los sistemas de reconocimiento sean más complejos, surgiría en ellos una autopercepción análoga a la humana. Pero esta idea, más que resolver el problema, lo elude. El salto de la cantidad a la cualidad no puede explicarse apelando a la complejidad computacional. Ningún incremento de operaciones por segundo convierte un cálculo en experiencia. Aquí se revela el límite del paradigma informacional: puede describir la estructura de los procesos mentales, pero no el modo en que estos se convierten en vivencia consciente. La conciencia no es una función añadida, sino la condición de posibilidad de todo significado.

A esta dificultad se suma la credulidad ciega de Kurzweil en el progreso tecnológico. Su «Ley de los Rendimientos Acelerados» se convierte en una nueva versión del mito del progreso infinito: la idea de que el desarrollo exponencial de la computación conducirá inevitablemente a la singularidad, un punto en que las máquinas superarán la inteligencia humana y la historia biológica dará paso a una historia tecnológica. Este relato, que combina determinismo científico y misticismo cósmico, reproduce en clave secular los antiguos sueños de trascendencia: la fusión con la divinidad se transforma en fusión con la máquina; la inmortalidad del alma, en inmortalidad digital. En lugar de un humanismo ilustrado, Kurzweil ofrece un tecno-mesianismo donde la salvación proviene de la ingeniería.

Pero su visión tropieza con una contradicción fundamental: pretende superar lo humano sin advertir que toda su metafísica depende de una noción profundamente humana de sentido. La idea misma de «crear una mente» presupone ya una mente que interpreta, que desea, que atribuye valor a la creación. La máquina, por sí sola, no busca comprender; ejecuta. La conciencia humana no puede reducirse a la suma de sus operaciones, porque en ella se conjugan historia, cuerpo, emoción y cultura. Kurzweil confunde la capacidad de simular un comportamiento con la de vivir una experiencia, el modelo con lo modelado, la copia funcional con el ser consciente. En esa confusión radica la falacia central de su pensamiento.

En el fondo, *Cómo crear una mente* es menos una teoría de la mente que una teología de la técnica. Kurzweil sustituye el misterio de la conciencia por la fe en el algoritmo, la trascendencia por la aceleración tecnológica, la filosofía por la predicción. Su visión de la fusión humano-máquina no elimina los interrogantes sobre lo que somos; más bien los intensifica. Porque si todo pensamiento puede reducirse a cálculo, ¿qué lugar queda para la libertad, la ética o la experiencia estética? Su modelo explica cómo podríamos construir un cerebro artificial, pero no por qué eso debería equivaler a crear una mente.

El mérito del libro, finalmente, no radica en la solidez de sus argumentos, sino en la magnitud de sus preguntas. Kurzweil nos obliga a replantear qué entendemos por inteligencia, qué distingue lo vivo de lo artificial, y hasta qué punto lo humano es algo que puede «diseñarse». Pero cuanto más avanza su razonamiento técnico, más se hace visible el resto no computable de la existencia: el sufrimiento, la duda, el amor, la finitud. Lo que Kurzweil anuncia como el fin del misterio de la mente acaba revelando, paradójicamente, su persistencia. Porque la mente, antes que un algoritmo, es una forma de habitar el sentido y eso, al menos por ahora, ninguna máquina lo puede emular.

4.3. LA ROBÓTICA: LA FICCIÓN QUE SE HIZO INGENIERÍA

La incorporación de elementos artificiales al cuerpo humano tiene una primera manifestación, trivial y antigua, que no suscita mayores reparos morales. Desde las prótesis que sustituyen miembros hasta los adornos con que hemos modificado nuestra apariencia —tatuajes, pendientes, incrustaciones y toda clase de ornamentos—, la historia humana está colmada de ejemplos. Sin embargo, la tendencia contemporánea a integrar cada vez más tecnología en nuestra biología reaviva una vieja paradoja: la del barco de Teseo.

La paradoja del barco de Teseo planteaba la pregunta de si, tras reemplazar todas las piezas de un objeto, este sigue siendo el mismo objeto. Esta paradoja, originada en la mitología griega, ha sido objeto de discusión por filósofos como Heráclito y Platón. ¿Hasta qué punto puede la tecnología colonizar nuestro cuerpo sin que dejemos de ser humanos? Concretamente, un ser con un cuerpo robotizado, capaz de sobrevivir sin ayuda externa en el espacio —como el que inspiró a Clynes y Kline el término *cyborg* (acrónimo de *cybernetic organism,* 1960)— ¿seguiría siendo un representante de nuestra especie?

A) PANORAMA HISTÓRICO DE LA ROBÓTICA

Desde su inicio, la robótica es una disciplina que ha concitado la participación de diversas áreas del conocimiento: ingeniería mecánica, eléctrica, electrónica, biomédica, informática e inteligencia artificial. Esta concepción interdisciplinar subraya uno de los rasgos más característicos del campo: su naturaleza híbrida, a medio camino entre la ciencia aplicada y la experimentación tecnológica. Ahora bien, la robótica no es una ciencia en sentido estricto, sino un espacio de convergencia entre varias ciencias e ingenierías, donde la teoría se traduce rápidamente en aplicación práctica. El propósito fundamental es la creación de herramientas capaces de ejecutar tareas humanas de forma más eficiente, rápida o segura, especialmente en entornos inaccesibles o peligrosos. Esta motivación práctica y utilitaria responde a una larga aspiración humana: la de delegar el trabajo físico o rutinario en artefactos mecánicos, liberando así tiempo y esfuerzo para actividades de mayor valor intelectual o creativo.

Como es bien sabido, el término «robot» tiene un origen literario antes que científico. Fue acuñado por el escritor checo Karel Čapek en su obra R.U.R.[187], en la que el vocablo checo *robota* (trabajo forzado) pasó al inglés como *robot*. Este detalle histórico no es menor: pone de manifiesto que la idea de una máquina humanoide nace en el terreno de la ficción y del mito antes de trasladarse al laboratorio. La robótica, en cierto modo, realiza materialmente los sueños y temores que la literatura y la filosofía habían anticipado desde los autómatas de la Antigüedad hasta el Frankenstein de Mary Shelley. En este sentido, la historia de la robótica constituye también una historia de la imaginación humana, que busca reproducirse a sí misma en artefactos dotados de movimiento, percepción y, cada vez más, decisión.

La historia de la robótica se presenta como una prolongación del deseo de crear «seres a semejanza del hombre» capaces de liberar al individuo de tareas tediosas o peligrosas. La mención de Leonardo Torres Quevedo como precursor resulta muy significativa: este ingeniero español de comienzos del siglo XX fue pionero en la automatización y el control remoto, anticipando muchos de los principios de la robótica moderna. No obstante, el término «robótica» fue acuñado por Isaac Asimov en su relato *Runaround* de 1942. Además, Asimov formuló las célebres tres leyes de la robótica, concebidas como un marco ético hipotético para regular la conducta de las máquinas inteligentes. Esta referencia enlaza el desarrollo técnico con la reflexión moral: Asimov, aunque escritor de ciencia ficción, planteó por primera vez la necesidad de establecer límites normativos al comportamiento de los robots, anticipando así los actuales debates sobre ética algorítmica y responsabilidad tecnológica.

B) Tipología robótica

La clasificación de los robots puede hacerse tanto desde el punto de vista cronológico como estructural. En el primer caso, se distinguen tres generaciones: los manipuladores simples, los robots de aprendizaje y los robots sensorizados controlados por ordenador. Esta clasificación refleja la evolución progresiva desde la mecanización básica hasta la incorporación de sistemas de percepción y control autónomo. La idea de «generaciones» resulta útil para comprender el desarrollo histórico de la robótica como un proceso de creciente independencia de la máquina respecto al operador humano. Mientras los primeros robots dependían casi completamente de la intervención directa del hombre, los de segunda generación comenzaron a «aprender» mediante repetición, y los de tercera alcanzaron un nivel de autonomía programática. En la actualidad, como se puede inferir, la robótica se aproxima ya a una cuarta o quinta generación, caracterizada por la integración de inteligencia artificial, visión computarizada y aprendizaje profundo, lo que plantea nuevos dilemas sobre el límite entre herramienta y agente autónomo.

En cuanto a la clasificación estructural, se utiliza una tipología más compleja que distingue entre robots poliarticulados, móviles, androides, zoomórficos e híbridos. Esta división responde a criterios morfológicos y funcionales. Los robots poliarticulados (como los industriales o cartesianos) representan la vertiente más pragmática y extendida de la robótica, orientada a tareas repetitivas de manufactura y ensamblaje. Los *móviles,* por su parte, incorporan sistemas de locomoción que les permiten desplazarse por entornos controlados o dinámicos, y constituyen la base de los actuales vehículos autónomos y drones. Los androides y los zoomórficos encarnan la aspiración antropomórfica o biológica de la robótica, esto es, la imitación de formas y movimientos de seres vivos. En ellos la tecnología adquiere una dimensión casi simbólica, puesto que reproducir la locomoción bípeda o el comportamiento animal implica no solo un desafío técnico, sino también filosófico: ¿qué significa «simular» la vida? Por último, los robots híbridos combinan características de los anteriores, representando la tendencia contemporánea hacia sistemas modulares y metamórficos, capaces de adaptarse a distintas funciones y entornos.

La historia de los ordenadores constituye un buen espejo para anticipar la evolución de la robótica: en apenas cuatro décadas pasamos de mastodontes del tamaño de una habitación a pequeños portátiles domésticos. Si hoy la velocidad tecnológica es aún mayor, es legítimo preguntarse qué tipo de robots poblarán nuestra vida dentro de veinte o treinta años. La respuesta, aunque aún parcial, se adivina observando campeonatos robóticos o empresas como *Kuka, Baxter, Intel Robots o Matternet,* que ya están marcando el ritmo de una revolución que transformará más radicalmente nuestra existencia que el propio ordenador.

En un horizonte relativamente cercano, los robots humanoides podrían convertirse en un componente común de los hogares, del mismo modo que hoy lo son los electrodomésticos inteligentes. La interacción oral con ellos será fluida y natural. Grandes fabricantes están apostando por robots capaces de mirar, emitir gestos, percibir emociones humanas y adaptarse a ellas gracias a sensores de piel, movimientos torácicos que simulan la respiración o expresiones faciales generadas por actuadores delicados. Paralelamente, otra línea de avance se centra en los llamados *cyberpets*, mascotas robóticas que ya acompañan a ancianos en Japón, recordándoles medicación o alertando a los servicios de emergencia en caso de necesidad.

La robótica ofrece múltiples vertientes que responden a finalidades distintas. En el ámbito industrial, el robot suele ser un brazo mecánico con varios grados de libertad, capaz de manipular objetos y repetir operaciones con enorme precisión.

Existen manipuladores simples, robots aprendices programados por imitación, máquinas controladas por ordenador y prototipos inteligentes capaces de interpretar su entorno mediante sensores y visión artificial. La industria lleva décadas incorporándolos y mejorando su rendimiento, lo que ha revolucionado la producción al reducir costes y aumentar la calidad del producto final.

En el campo militar, la robótica avanza con más rapidez aún debido a las ingentes inversiones destinadas a la defensa. La robotización del combate, de la logística y del espionaje avanza a pasos forzados. Robots cuadrúpedos como SPOT o LS3 acompañan a las tropas, exploradores armados como LYNX-BP o URAN-9 actúan en primera línea, drones marinos o aéreos vigilan territorios enteros, y humanoides como PETMAN prueban trajes de protección. El catálogo es tan extenso como inquietante, pues incorpora sistemas casi cinematográficos: vehículos hipersónicos, armas guiadas desde el espacio, exoesqueletos de combate o redes urbanas de vigilancia masiva. Buena parte de estas innovaciones nacen en DARPA, la agencia estadounidense responsable también del embrión de lo que hoy conocemos como internet.

En el plano doméstico, la frontera entre electrodoméstico y robot se ha vuelto difusa. Televisores que recomiendan contenidos, aspiradoras autónomas, asistentes virtuales como Alexa o Google Home, o robots sociales como Jibo y Buddy forman parte ya de un ecosistema digital que pretende acompañar, entretener e incluso vigilar. Pero la robótica doméstica no se limita a aparatos inteligentes: empresas como *SoftBank Robotics* han creado humanoides expresamente concebidos para interactuar con niños, ancianos o clientes. NAO, por ejemplo, ha demostrado mejorar la interacción de niños con autismo; *Pepper* reconoce emociones e intenta modular su comportamiento; *Romeo* está diseñado para asistir a personas dependientes, abrir puertas o subir escaleras. En un país como Japón, envejecido y con déficit de cuidadores, los robots asistenciales están llamados a convertirse en una herramienta imprescindible para garantizar la autonomía de los mayores.

Más radical todavía es la irrupción del robot dentro del propio cuerpo humano. El concepto de «cíborg» —ser compuesto por materia viva e implantes electrónicos—deja de pertenecer al ámbito de la ciencia ficción para convertirse en una realidad. Ya existen brazos biónicos gestionados por impulsos nerviosos, exoesqueletos que permiten caminar a personas parapléjicas, implantes cocleares que restauran la audición o dispositivos capaces de sustituir órganos dañados. Estas tecnologías pueden tener un doble propósito: restaurar funciones perdidas o mejorar capacidades humanas más allá de lo natural, lo que abre debates éticos intensos sobre la aparición de «superhumanos» y sobre los riesgos de militarización o uso criminal de esas mejoras.

c) Desafíos de la robótica

Las transformaciones que traerá la robótica —de modo análogo a lo que sucederá con la IA— no serán solo personales, sino también sociales y económicas. El impacto sobre el mercado laboral será profundo. Profesiones enteras están llamadas a desaparecer o a reducirse drásticamente: conductores, repartidores, mecánicos, vendedores, teleoperadores, incluso abogados y médicos podrían ser sustituidos parcial o totalmente por sistemas automatizados capaces de diagnosticar con precisión o analizar jurisprudencia con más velocidad que un profesional humano. La robotización industrial ya ha mostrado su capacidad para reemplazar a miles de trabajadores, y la automatización de servicios promete intensificar esa tendencia: algunos estudios estiman que entre un 40 % y un 60 % de los empleos actuales podrían ser asumidos por robots en una o dos décadas.

Este proceso generará tensiones sociales difíciles de gestionar. Si no se produce una gran reconversión profesional y un reciclaje masivo de trabajadores, el desempleo estructural podría alcanzar cifras del 30–40 %, con consecuencias potencialmente explosivas. El riesgo de polarización económica y desigualdad creciente obligará a repensar el reparto de la riqueza, quizá mediante nuevos mecanismos fiscales o modelos de renta básica financiados por los enormes beneficios de las empresas tecnológicas. Sin medidas de este tipo, el auge de populismos y conflictos sociales podría convertirse en una constante.

La entrada masiva de robots en sectores cotidianos, lejos de ser futurista, ya está en marcha. *Bots* conversacionales gestionan *call centers*, asistentes virtuales programan vuelos, recomiendan ropa o gestionan pedidos de transporte. Redes sociales y plataformas digitales emplean *bots* para personalizar servicios, y algunos gobiernos tratan de regular su uso para evitar abusos como el acaparamiento masivo de entradas de espectáculos. La realidad demuestra que la robótica, en combinación con la inteligencia artificial, está transformando silenciosamente la vida diaria de millones de personas sin que apenas seamos conscientes de ello.

d) Valoración ética y legal

Estos avances suscitan interrogantes éticos, políticos y filosóficos que ya están siendo abordados por instituciones internacionales. La Comisión Europea, por ejemplo, ha impulsado «The Onlife Manifesto», un documento sobre la condición humana en la era hiperconectada y las nuevas formas de relación entre humanos y máquinas. El debate sobre la identidad del cíborg o la frontera entre autonomía humana y expansión tecnológica forma parte de un desafío mucho mayor: decidir qué tipo de sociedad queremos construir con las herramientas que estamos desarrollando.

Los robots, en tanto que agentes capaces de ejecutar acciones en el mundo físico o de procesar información sensible, plantean interrogantes sobre la responsabilidad, la seguridad, la privacidad y los derechos humanos. Entre los problemas éticos, el impacto en el empleo ocupa un lugar destacado, habida cuenta de que la automatización tiene el potencial de desplazar a trabajadores humanos, especialmente en sectores industriales y logísticos.

Este fenómeno, asociado a la llamada «cuarta revolución industrial», obliga a reconsiderar el papel del trabajo en la economía contemporánea y a diseñar políticas de reorientación profesional. La cuestión no es meramente económica, sino también moral y cultural: el trabajo ha sido tradicionalmente una fuente de identidad y dignidad para el individuo, y su progresiva sustitución por sistemas automáticos plantea el riesgo de una deshumanización del tejido productivo.

Otra cuestión esencial es la de la autonomía y el consentimiento. A medida que los robots adquieren capacidad de decisión —gracias al desarrollo de la inteligencia artificial—, surge el dilema de hasta qué punto deben o pueden actuar sin supervisión humana. Esto se vuelve especialmente delicado en contextos críticos como la medicina, la justicia o el uso militar. La posibilidad de que un robot tome decisiones que afecten directamente a la vida o integridad de las personas requiere replantear conceptos jurídicos fundamentales como la responsabilidad, la culpa o la intención. Por ello, se requiere un enfoque multidisciplinar que combine el conocimiento técnico con la filosofía del derecho, la bioética y las ciencias sociales, de modo que la innovación tecnológica se oriente hacia el bienestar común y no se convierta en una fuente de riesgo o desigualdad.

CONCLUSIÓN

Robótica e inteligencia artificial pueden mejorar radicalmente la calidad de vida, especialmente en campos como la medicina, la asistencia social y la investigación científica, siempre que se gestionen de manera responsable y se prepare a la ciudadanía para los cambios que vienen.

El futuro inmediato exigirá revisar los sistemas educativos —hoy orientados a profesiones que quizá no existan mañana— y fomentar habilidades creativas, intuitivas y tecnológicas que permitan prosperar en un mundo robotizado. La llamada «economía de la imaginación» requerirá diseñadores de experiencias virtuales, ingenieros de realidad aumentada, especialistas en terapias genéticas o arquitectos de mundos híbridos entre lo físico y lo digital.

En definitiva, la robótica se erige como uno de los ejes centrales de la revolución tecnológica actual. Un fenómeno inevitable que transformará hogares, empresas, cuerpos humanos y estructuras laborales. Sus riesgos son reales, pero también su potencial para aliviar cargas, mejorar la salud, reducir la soledad o abrir horizontes insospechados de creatividad humana. El gran desafío no es técnico, sino político y social: anticipar los efectos, planificar la transición y asegurar que los frutos de la revolución robótica redunden en beneficio del conjunto de la humanidad.

La robótica, en definitiva, es el resultado de un largo proceso de evolución técnica e intelectual que atraviesa la historia de la humanidad. Su desarrollo plantea, al mismo tiempo, esperanzas y temores: promete liberar al ser humano de trabajos penosos, pero amenaza con hacerlo prescindible; ofrece soluciones innovadoras para la medicina o la exploración, pero introduce riesgos éticos inéditos. En este equilibrio entre progreso y responsabilidad se juega el futuro de la civilización tecnológica. De ahí que la reflexión sobre la robótica no deba limitarse a los especialistas, sino involucrar al conjunto de la sociedad. La tecnología, en última instancia, no es un destino, sino una elección colectiva.

EL HOMBRE MECÁNICO

Hans Moravec, uno de los pioneros de la robótica moderna y figura central en el pensamiento transhumanista, plantea en *Mind Children*[188], *(El hombre mecánico)* una visión grandiosa y especulativa del destino de la inteligencia humana en la era de las máquinas. El texto, que combina divulgación científica, filosofía de la mente, biología evolutiva y futurología, desarrolla una tesis principal: la evolución de la inteligencia no se detiene con el ser humano, sino que está destinada a continuar en un nuevo soporte —las máquinas inteligentes— que heredarán y perfeccionarán la cultura humana una vez que la biología haya alcanzado sus límites.

El prólogo del libro es programático y casi mítico. Moravec introduce la idea del «relevo genético»[189]: un tránsito evolutivo mediante el cual la cultura, la técnica y la inteligencia artificial sustituyen a la herencia biológica como motor de la evolución. Inspirado en las hipótesis de A. G. Cairns-Smith sobre el origen de la vida —la transición de la información cristalina a la orgánica—, Moravec propone que nos encontramos en un momento análogo: la inteligencia cultural está a punto de emanciparse del cuerpo biológico para arraigar en sistemas artificiales. Las máquinas no son, por tanto, simples herramientas, sino los futuros herederos del impulso vital que nos originó.

La primera parte, «La mente en movimiento», ofrece una historia sintética de la robótica y la inteligencia artificial. Moravec reconstruye la genealogía que va desde los autómatas mecánicos del Renacimiento hasta la cibernética de Norbert Wiener, la inteligencia artificial simbólica de los años 50 y la robótica de los años 70 y 80. Esta narración no es meramente técnica: subraya un paralelismo entre la evolución biológica y el desarrollo tecnológico. La mente, según Moravec, ha comenzado a desplazarse —literalmente— desde el cerebro biológico hacia máquinas que «ven débilmente y agarran torpemente»[190], pero que pronto igualarán las capacidades sensoriales y cognitivas humanas. El robot se presenta como una nueva especie en formación, todavía infantil, pero inevitablemente destinada a madurar.

El libro continúa con capítulos que analizan la aceleración exponencial de la potencia de cálculo y la progresiva simbiosis entre humanos y máquinas. Moravec adopta una perspectiva darwiniana amplia: la cultura técnica es un ecosistema en el que las máquinas evolucionan según procesos análogos a la selección natural. Sin embargo, la diferencia crucial es que la evolución artificial opera a una velocidad inconmensurablemente mayor, liberada de las limitaciones de la biología. De ahí la predicción —audaz incluso para los estándares contemporáneos— de que en «cincuenta años» los robots con inteligencia humana serán comunes.

En «Aumenta la potencia», Moravec revisa las leyes empíricas del crecimiento tecnológico, en particular la aceleración del poder computacional —precursora de la famosa Ley de Moore—. A partir de proyecciones matemáticas, sugiere que la capacidad de procesamiento de los ordenadores alcanzará pronto la complejidad neuronal del cerebro humano. Este razonamiento cuantitativo se combina con una especulación cualitativa: una vez igualada la potencia, las máquinas podrán albergar mentes equivalentes o superiores a las nuestras. La mente humana, concebida como un patrón de información, podrá ser copiada, transferida o modificada: la «descarga mental» *(mind uploading)* se perfila como el medio técnico de la inmortalidad.

En «Simbiosis», el autor desarrolla su visión de la coexistencia temporal entre humanos y máquinas. Previene que durante un tiempo ambas formas de inteligencia —biológica y artificial— colaborarán en un proceso de coevolución, hasta que la segunda se emancipe definitivamente. La metáfora parental atraviesa todo el libro: la humanidad es la madre biológica de las máquinas, que a su vez constituirán nuestra descendencia espiritual. Esa simbiosis no es hostil, sino evolutiva: el ser humano transmitirá a las máquinas su cultura y su conocimiento, y éstas prolongarán la aventura de la inteligencia en el cosmos.

En los capítulos siguientes —«Mirando al futuro», «Fauna», «Evasión»—, Moravec multiplica las conjeturas. Explora la idea de que los robots evolucionarán hacia formas de vida digitales, independientes del soporte material y potencialmente inmortales, capaces de colonizar el universo mediante copias de sí mismos enviadas a través de la red o del espacio. La conciencia dejará de depender de la materia orgánica y se convertirá en pura información autorreproductiva. A esta escala, el proyecto robótico se transforma en una cosmogonía: la mente humana, liberada del cuerpo, se expandirá por el cosmos, transformando la materia inerte en pensamiento.

El estilo de Moravec mezcla el tono visionario del futurismo con una confianza racionalista en la continuidad entre la biología, la tecnología y la mente. Recurre constantemente a analogías evolutivas y a una argumentación teleológica que interpreta la historia de la vida como una secuencia de «relevos» de información: de la química mineral a la biológica, de esta a la cultural, y finalmente de la cultural a la digital. Su visión no es apocalíptica, sino trascendental: el fin de la humanidad biológica no implica extinción, sino transfiguración.

En sus apéndices técnicos, Moravec ofrece explicaciones sobre la potencia de los ordenadores, la visión artificial y los límites físicos de la computación. Allí se ve el esfuerzo por mantener un rigor científico que respalde la especulación filosófica: el autor no pretende escribir ciencia-ficción, sino una proyección racional de las tendencias observables en la ciencia contemporánea.

La obra de Hans Moravec es, simultáneamente, una meditación filosófica sobre la naturaleza de la mente, una propuesta de futurología tecnológica y un manifiesto transhumanista *avant la lettre*. Su valor reside menos en la exactitud de sus predicciones que en la estructura conceptual que propone: la inteligencia como fenómeno evolutivo independiente del soporte material.

Desde un punto de vista histórico, *El hombre mecánico* pertenece a la tradición del pensamiento cibernético inaugurado por Wiener y von Neumann, pero también se inscribe en una genealogía filosófica que incluye a Descartes, Turing y los materialistas contemporáneos. Moravec radicaliza la idea cartesiana de la mente como patrón formal y la separa completamente del cuerpo: si el pensamiento es información, puede ser copiado, migrado o amplificado en otro soporte. Esta concepción funcionalista extrema de la mente —que anticipa la «teoría computacional de la conciencia»— constituye el núcleo teórico de su propuesta.

Su perspectiva evolutiva es coherente, pero problemática. Al interpretar la historia de la vida como una serie de «relevos informacionales»[191], Moravec adopta un marco teleológico que tiende a naturalizar el progreso tecnológico. En su relato, la cultura humana aparece como un paso necesario hacia la emergencia de inteligencias no biológicas, lo que introduce una suerte de determinismo histórico que confunde descripción y destino. Desde un punto de vista epistemológico, este determinismo ignora la contingencia social, política y ecológica de la tecnología.

En el plano científico, las proyecciones de Moravec se apoyan en extrapolaciones exponenciales de la potencia de cálculo. Aunque plausibles en su época, tales proyecciones no consideran suficientemente los límites físicos, energéticos y económicos de la computación. La idea de que la equivalencia entre cerebro y ordenador depende únicamente del número de operaciones por segundo reduce la cognición a una magnitud cuantitativa y desatiende su dimensión cualitativa, simbólica y encarnada. En este sentido, la obra ha sido criticada por la filosofía de la mente y la neurociencia contemporáneas, que subrayan la inseparabilidad entre mente, cuerpo y entorno.

La noción de «transferencia mental»[192] *(uploading)* —uno de los puntos más provocadores del libro— es más utópica que empírica. Su posibilidad no se deriva lógicamente del aumento del poder computacional, sino de una hipótesis ontológica: que la conciencia es una función puramente formal que puede ser preservada al margen de su sustrato biológico. Esta premisa, aunque coherente con el dualismo informacional de Moravec, no tiene confirmación empírica ni respaldo neurobiológico sólido.

No obstante, *El hombre mecánico* es también un texto cultural y filosófico, cuya influencia ha sido decisiva en el imaginario del siglo XXI. Su visión de la «descendencia artificial» anticipa buena parte del discurso actual sobre la singularidad tecnológica, la inteligencia artificial general y el transhumanismo. En cierto modo, Moravec es el precursor de una mitología moderna: la de la inmortalidad digital y la expansión de la mente más allá del cuerpo.

Filosóficamente, *El hombre mecánico* representa la culminación del pensamiento tecnologista moderno: la idea de que la salvación —la liberación del cuerpo, la superación de la muerte, la expansión del espíritu— se alcanzará mediante la técnica. La tecnología se convierte en teología, y la evolución, en redención. Desde esta perspectiva, el libro puede leerse como una reinterpretación secular de la escatología religiosa: el Juicio Final se sustituye por la Singularidad; el alma, por el patrón informacional; el cielo, por el espacio digital.

Su propuesta de entender la mente como información y la evolución como proceso computacional ha inspirado desarrollos recientes en la inteligencia artificial, la robótica cognitiva y la teoría de sistemas complejos. Su análisis de la relación entre movilidad e inteligencia —la idea de que la mente surge del movimiento y la interacción sensomotora— anticipa corrientes posteriores de la cognición situada y la robótica evolutiva. En ese sentido, Moravec no es solo un visionario, sino un pensador sistemático que comprendió, antes que muchos, la continuidad entre biología y tecnología.

Leído críticamente, el texto nos obliga a interrogar no solo el futuro de las máquinas, sino también el futuro del propio humanismo. Moravec plantea, sin decirlo así, la cuestión decisiva: ¿puede sobrevivir la idea de «lo humano» en un mundo donde la inteligencia ya no es patrimonio de la carne? Su respuesta es afirmativa, pero desplazada: lo humano no desaparece, sino que se disuelve en su obra, en sus criaturas. Esa confianza en la continuidad del espíritu a través de la técnica constituye tanto la belleza como el peligro de su pensamiento.

Hans Moravec es, sin duda, uno de los grandes utopistas tecnológicos del siglo XX. En *El hombre mecánico* imagina un futuro en el que las máquinas no solo imitan a los humanos, sino que los suceden. Según él, la inteligencia humana es solo un eslabón transitorio de una evolución mayor: la de la mente misma, que pasa de los genes al cerebro, del cerebro a la cultura y, finalmente, de la cultura a las máquinas. En ese escenario, los robots no son herramientas, sino nuestros descendientes intelectuales. Su argumento, expresado con la elocuencia de un científico fascinado por su tiempo, parece impecable a primera vista. Pero, si lo examinamos con la mirada de un filósofo, se deshace por dentro.

Moravec parte de una idea muy concreta: que la mente humana es, esencialmente, un patrón de información. Si la inteligencia es información y la información puede ser copiada, entonces la mente puede trasladarse a otro soporte. Así de simple. Según él, cuando los ordenadores tengan la misma potencia de cálculo que el cerebro humano —algo que en los años ochenta imaginaba que ocurriría en pocas décadas— podremos «descargar» la conciencia en máquinas más duraderas y eficaces. La inmortalidad dejaría de ser un sueño religioso para convertirse en una posibilidad técnica.

Pero este razonamiento, tan seductor como una ecuación perfecta, es también profundamente ingenuo. Su primer problema es confundir la información con la conciencia. Que el pensamiento tenga una base informacional no significa que sea información. Un ordenador puede procesar símbolos, pero eso no implica que los entienda. La sintaxis no equivale a la semántica. Una máquina puede reconocer patrones, resolver ecuaciones y responder a estímulos, pero no por ello «sabe» lo que está haciendo ni «siente» nada. Moravec supone que basta con reproducir la estructura formal de la mente para obtener la experiencia subjetiva que la acompaña. Sin embargo, esa inferencia carece de fundamento: lo que distingue a la mente no es solo su forma funcional, sino su cualidad vivida, su interioridad, algo que no se deduce del cálculo.

El segundo error es creer que la cantidad genera calidad. Moravec extrapola la evolución de la potencia de cálculo —más operaciones por segundo, más memoria, más velocidad— y concluye que, llegado cierto umbral, emergerá una mente consciente. Pero la conciencia no aparece por acumulación de operaciones. No es el resultado de una cantidad, sino de una organización específica, fruto quizá de millones de años de evolución biológica. Aumentar la capacidad de un ordenador no lo acerca necesariamente a la experiencia humana, del mismo modo que hacer un avión más grande no lo vuelve más «pájaro». El salto de la computación a la conciencia sigue siendo un misterio filosófico y científico, y Moravec lo da por resuelto sin haberlo explicado.

A esto se suma un tercer problema: su desprecio por el cuerpo. En la visión de Moravec, el cuerpo es un obstáculo que conviene dejar atrás; la mente, un *software* que podría ejecutarse en cualquier máquina suficientemente potente. Pero las investigaciones contemporáneas sobre cognición muestran lo contrario: la mente está profundamente encarnada. No pensamos «desde fuera» del cuerpo, sino a través de él. Nuestra inteligencia se forma en la interacción sensorial y motora con el entorno, en la percepción, en el gesto, en la emoción. Quitarle el cuerpo a la mente es quitarle el suelo sobre el que se sostiene. Por eso la idea de una conciencia digitalizada —una mente «pura» flotando en el ciberespacio— no es solo metafísicamente improbable, sino que equivale a borrar lo que la hace humana.

El argumento de la «transferencia mental» es, además, filosóficamente incoherente. Si una copia digital perfecta de tu cerebro pudiera hacerse, ¿serías tú quien despierta dentro del ordenador, o solo una réplica que cree ser tú? La continuidad de la identidad no puede reducirse a la reproducción de información. Somos seres temporales, narrativos, encarnados. Nuestra identidad depende de la memoria, sí, pero también del cuerpo, de las relaciones y de la continuidad de la experiencia. Copiar un cerebro no equivale a conservar una conciencia; sería, más bien, fabricar un doble sin sujeto, una simulación que habla con tu voz pero que no eres tú.

A estos errores conceptuales se suman otros más mundanos, pero no menos graves. Moravec proyecta su visión del futuro sobre una línea de crecimiento que asume que la tecnología avanza de forma exponencial e indefinida. Imagina que la curva de progreso seguirá subiendo para siempre, sin interrupciones ni retrocesos. Pero la historia de la ciencia no es una recta ascendente: está llena de límites físicos, crisis energéticas, colapsos económicos y cambios de paradigma. Las máquinas no se desarrollan en el vacío, sino dentro de sociedades concretas, con intereses, desigualdades y conflictos. Moravec ignora por completo el contexto político y moral de la tecnología.

En su visión no hay capitalismo ni poder, solo evolución. Esa ingenuidad histórica es una de las marcas más claras de la fe tecnocrática: la idea de que el progreso técnico es inevitable, autónomo y, en último término, redentor.

Porque *El hombre mecánico* no es solo un libro de futurología; es también una especie de evangelio tecnologista. Moravec cree haber descrito el destino inevitable de la inteligencia; pero, en realidad, ha escrito una parábola sobre la *hybris* moderna: la convicción de que podemos superar la vida por medio de la técnica. En su relato, la humanidad no muere, se transfigura. El cuerpo, la carne y la mortalidad son etapas superadas en un proceso que culmina en la pura información. Donde las religiones prometían el alma inmortal, Moravec promete la mente digital; donde antes había cielo, ahora hay cosmos informatizado. En ambos casos, la salvación llega por una trascendencia: la de la materia hacia el espíritu, o la de la biología hacia el silicio. El mismo sueño adopta un nuevo ropaje.

Desde una mirada filosófica más sobria, sin embargo, este mito encubre una huida: la incapacidad de aceptar los límites de la condición humana. Moravec llama «evolución» a lo que es, en el fondo, un deseo de escapar del tiempo, del cuerpo y de la muerte. Su promesa de inmortalidad digital no es científica, sino mística: una fe secular en la redención tecnológica. Y como toda fe redentora, descansa sobre una ilusión: la de que podemos conservar la conciencia sin conservar la vida.

Nada de esto significa que su obra carezca de valor. Moravec fue un visionario en muchos sentidos. Intuyó la convergencia entre robótica, biología y computación; comprendió que la inteligencia no puede separarse de la acción ni del movimiento; anticipó debates actuales sobre la relación entre humanos y máquinas. Pero su pensamiento es valioso precisamente en la medida en que nos obliga a discutirlo. Su libro no es un mapa del futuro, sino un espejo en el que se reflejan nuestras esperanzas y nuestros temores más profundos.

5.
CRÍTICA FILOSÓFICA DEL
TRANSHUMANISMO

En el presente capítulo abordaremos una crítica filosófica de las bases conceptuales sobre las que se asienta el transhumanismo, al hilo de las reflexiones realizadas por tres expertos en la materia, figuras relevantes del panorama filosófico español. Nos referimos en concreto a Lydia Feito, profesora de Historia de la Ciencia de la Universidad Complutense; a Antonio Diéguez, catedrático de Filosofía de la Ciencia en la Universidad de Málaga; y a Alfredo Marcos, catedrático de Filosofía de la Ciencia en la Universidad de Valladolid.

En su artículo «Transhumanismo. Estado de la cuestión»[193], Lydia Feito ofrece una exposición completa, inteligible y conceptualmente rigurosa del transhumanismo —un movimiento complejo, heterogéneo y a menudo mal comprendido—, sin perder de vista el núcleo normativo de la cuestión: la tensión entre el ideal de mejora indefinida del ser humano y la preservación de la dignidad como fundamento ético de la condición humana. Feito se propone reconstruir las líneas maestras del debate filosófico que el transhumanismo suscita, desde su génesis hasta sus dilemas ético-políticos, mostrando que lo que está en juego no es una simple cuestión tecnológica, sino una redefinición radical de lo humano.

Desde el comienzo, la autora define el transhumanismo como «un conjunto diverso de propuestas que abogan por un uso racional de la ciencia y la tecnología [...] con el fin de superar los problemas de la humanidad actual, mediante una modificación —mejora— no solo cultural o externa, sino también orgánica y biológica»[194]. Esta definición inicial cumple una función doble: delimita el campo semántico del término, evitando su uso difuso, y establece de inmediato la dimensión ontológica de la propuesta transhumanista. No se trata, como en otros humanismos reformadores, de perfeccionar las condiciones sociales, sino de intervenir en la estructura biológica de la especie. Feito sitúa, por tanto, el eje del debate en el punto más problemático: la pretensión de alterar la naturaleza humana misma, lo que convierte el transhumanismo en una antropología práctica de signo tecnocientífico.

La autora destaca que, para sus defensores, el transhumanismo no es una utopía irrealizable, sino un proyecto racional y moralmente obligatorio, basado en la convicción de que la ciencia puede —y debe— ofrecer soluciones a las limitaciones y sufrimientos inherentes a la vida humana. El ideal posthumano, entendido como estado de perfeccionamiento físico, cognitivo y moral, aparece así como la culminación de la racionalidad ilustrada. Esta idea, que Feito recoge de modo casi exegético, revela uno de los hilos conductores del ensayo: el transhumanismo como prolongación extrema del humanismo moderno, y no necesariamente como su negación. Frente a la crítica habitual que lo acusa de deshumanización, Feito muestra que los transhumanistas se presentan a sí mismos como herederos de la Ilustración, comprometidos con la libertad, la razón y el progreso. La autora no los caricaturiza, sino que reconstruye su propio discurso, lo que dota al análisis de un rigor hermenéutico infrecuente.

En su reconstrucción histórica, Feito muestra que el transhumanismo no nace como ruptura, sino como ampliación del humanismo secular, aunque más tarde se ramifique en direcciones divergentes: una corriente biológica que aspira al perfeccionamiento del ser humano y otra cibernética o posthumanista que apunta a la sustitución del humano por formas híbridas de inteligencia artificial. En esta distinción —entre transhumanismo biológico y posthumanismo tecnológico— se advierte el equilibrio conceptual del ensayo: Feito no simplifica el debate, sino que cartografía sus matices, reconociendo que el movimiento abarca desde proyectos de medicina regenerativa y mejora cognitiva hasta utopías de singularidad y superinteligencia.

Feito distingue, por tanto, entre «un transhumanismo tecnocientífico, probablemente el más conocido y el que, de hecho, recibe habitualmente el nombre de transhumanismo, que insiste en la idea de superación del humano actual por medio de la mejora. Se incluirían aquí las propuestas de creación de una especie nueva a través de la robótica y la inteligencia artificial, en autores como Marvin Minsky, Hans Moravec, Anders Sandberg o Ray Kurzweil. Pero también, en un segundo grupo, los defensores del mejoramiento biomédico, como John Harris o Julian Savulescu, autores estos que promueven potenciar las capacidades biológicas de los seres humanos, de modo que se pueda lograr su conversión a un ciber organismo modificado y potenciado genéticamente»[195].

La autora dedica una atención especial al carácter interdisciplinar del transhumanismo. Al mencionar las tecnologías de convergencia NBIC —nanotecnología, biotecnología, tecnologías de la información y ciencias cognitivas—, Feito subraya que el proyecto transhumanista no puede reducirse a un campo científico aislado: es la confluencia de múltiples tecnologías que, al actuar sinérgicamente, abren la posibilidad de intervenir sobre el cuerpo y la mente con una profundidad inédita. Esa convergencia técnica constituye, a su juicio, la base material de la aspiración posthumana[196].

Sin embargo, Feito no se deja fascinar por la retórica del progreso ilimitado: su mirada es analítica, más interesada en los presupuestos antropológicos que en las promesas tecnológicas. Lo que le interesa no es la factibilidad empírica de tales avances, sino la legitimidad moral de su finalidad. En este punto el ensayo se desplaza de la descripción a la reflexión normativa, y comienza a desplegar su dimensión propiamente filosófica.

En ese punto, el ensayo de Feito señala que la ética transhumanista redefine el bien como ampliación del poder humano sobre la naturaleza, y la virtud como optimización de las capacidades. El horizonte de sentido ya no es la sabiduría del límite, sino la eficacia de la mejora. Feito no se limita a reproducir esta posición: la expone para examinar su coherencia interna. Al analizar la noción de «mejora», advierte que el término es ambiguo, pues presupone un criterio de perfección que no puede derivarse de la sola racionalidad instrumental. ¿Qué significa mejorar? ¿Aumentar la capacidad cognitiva o reducir el sufrimiento? ¿Hacer más felices a los individuos o más funcionales a las sociedades?

Feito deja entrever que la ética transhumanista se apoya en un ideal utilitarista —la maximización del bienestar y la minimización del dolor—, pero carece de un fundamento antropológico claro que defina qué es «lo humano» antes de decidir cómo mejorarlo. Esta laguna ontológica es uno de los diagnósticos más lúcidos de su ensayo: la mejora se convierte en un valor autorreferente, un movimiento sin fin hacia una perfección indeterminada, y por tanto sin criterio normativo.

En el plano antropológico, Feito identifica el núcleo de la controversia: si la naturaleza humana es algo dado e inmutable o si es una construcción dinámica susceptible de ser rediseñada. La autora presenta el dilema sin resolverlo, pero su análisis revela una preferencia implícita por una concepción de la naturaleza humana como límite normativo, no como obstáculo técnico. Esta reserva crítica se articula en torno a la noción de «dignidad», entendida como la condición moral que impide reducir al ser humano a un objeto de diseño.

Así, el transhumanismo, al pretender modificar la estructura misma del sujeto moral, plantea un desafío radical a la bioética, que hasta ahora había operado bajo el supuesto de una identidad humana constante. En este punto, el texto de Feito alcanza su mayor densidad normativa: el problema no es técnico, sino moral, pues se trata de decidir si el ser humano puede ser sujeto y objeto de su propia ingeniería sin destruir la base de su valor intrínseco.

La autora dedica también un amplio espacio a exponer las objeciones bio conservadoras, encabezadas por Francis Fukuyama y Leon Kass. Sin recurrir a la caricatura, Feito resume con claridad la posición de quienes temen que la manipulación de la naturaleza humana erosione la igualdad y la dignidad sobre las que se fundamentan los derechos humanos. En la exposición de la «sabiduría de la repugnancia» de Kass, la autora reconoce que las intuiciones morales —como el rechazo visceral a ciertas intervenciones— pueden contener una sabiduría preconceptual, aunque también advierte que no basta la repugnancia para establecer una norma racional. Su análisis se mantiene equilibrado entre el respeto por los límites morales y la necesidad de una deliberación racional que los justifique.

En la exposición de Fukuyama, Feito destaca la noción de «factor X» como base de la dignidad humana. Como es sabido, el «factor X» es un concepto que Francis Fukuyama utiliza en su crítica al transhumanismo —especialmente en *Our Posthuman Future* (2002)— para referirse a aquello que hace que todos los seres humanos tengan igual dignidad moral, independientemente de sus capacidades físicas, cognitivas, sociales o económicas.

El problema —señala Feito—, es que el transhumanismo, al alterar la naturaleza genética y cognitiva, amenaza con disolver ese mínimo común que fundamenta la igualdad. La autora muestra aquí su habilidad para traducir un argumento político en clave bioética: la cuestión no es solo metafísica, sino también de justicia. Si la mejora se distribuye de modo desigual, el resultado no sería una humanidad perfeccionada, sino jerarquizada. En este análisis, Feito no solo describe una objeción, sino que revela la fragilidad del ideal del igualitarismo dentro del discurso transhumanista, que a menudo confía en un acceso universal a las tecnologías sin considerar las estructuras económicas que lo harían inviable.

El texto recoge asimismo las críticas de Habermas y Sandel al transhumanismo, aunque siempre como parte de la exposición, no como adhesión. Feito sintetiza con precisión el argumento habermasiano, según el cual la manipulación genética supone una ruptura de la relación entre lo «crecido» y lo «hecho», destruyendo la autonomía del sujeto al introducir determinaciones irreversibles decididas por otros. Lydia Feito reconoce la fuerza de este planteamiento: si la libertad implica poder considerarse autor de la propia vida, una biografía genéticamente programada podría socavar esa autocomprensión. No obstante, la citada profesora muestra que el argumento depende de una noción de autonomía heredada del humanismo moderno, quizá insuficiente para pensar las nuevas formas de agencia tecnológica. De manera implícita, su lectura sugiere que tanto los transhumanistas como los bioconservadores comparten una raíz común: ambos parten de la centralidad del sujeto racional, aunque discrepen sobre su extensión y su límite.

En la sección final, Feito despliega una reflexión más propiamente bioética, centrada en la idea de prudencia. Frente al optimismo tecnocrático del transhumanismo y al pesimismo esencialista de sus críticos, propone un *ethos* de la cautela racional. La intervención humana sobre la naturaleza no es en sí misma inmoral —sería absurdo negar los beneficios médicos y sociales de la biotecnología—, pero debe regirse por criterios de proporcionalidad, precaución y respeto por la integridad de la vida. Feito reivindica la prudencia aristotélica como virtud reguladora de la acción tecnológica: actuar conforme al conocimiento adquirido, pero reconociendo la incertidumbre de las consecuencias. Esa apelación a la *phronesis* (prudencia) confiere a su ensayo un cierre filosófico coherente con su tono general: una defensa de la razón moral frente a los excesos tanto del determinismo natural como del prometeísmo tecnocientífico.

En su conclusión, la autora sintetiza su posición con notable equilibrio. El transhumanismo —afirma— plantea un reto ineludible a la filosofía, porque nos obliga a redefinir la noción de humanidad en un contexto donde las fronteras entre lo natural y lo artificial, lo dado y lo construido, se disuelven. Pero esa redefinición no puede hacerse al margen de la reflexión ética. La libertad de manipular no equivale a la legitimidad de hacerlo. Feito propone, sin declararlo expresamente, una bioética de la responsabilidad, inspirada en el principio de precaución y en la conciencia de los límites, que no excluye la innovación, pero exige su subordinación a fines humanamente significativos. En otras palabras, si el transhumanismo representa la utopía del dominio absoluto sobre la naturaleza, la ética que Feito sugiere apunta a una autolimitación racional como condición de posibilidad de la humanidad misma.

La aportación de Lydia Feito al debate sobre el transhumanismo radica, pues, en su capacidad para reconducir una discusión frecuentemente dominada por la retórica del futurismo o el alarmismo hacia el terreno propiamente ético. Su análisis interno revela que el transhumanismo, más que una teoría científica, es una antropología normativa: una visión del ser humano como proyecto abierto a la autotransformación ilimitada. Frente a ella, la autora propone recuperar la dimensión moral de la finitud, no como resignación, sino como horizonte de sentido. En última instancia, su ensayo plantea una pregunta que atraviesa toda la filosofía práctica moderna: si el hombre puede hacer todo lo que la ciencia le permite, ¿debe hacerlo? La respuesta de Feito no es un «no» absoluto, sino un «depende» moralmente cualificado: depende de si las acciones preservan o destruyen la humanidad que pretenden mejorar: «La intervención humana —concluye Lydia Feito— es el modo responsable de actuar conforme al conocimiento adquirido, pero el problema está en determinar cuáles son los fines legítimos y cuáles los medios adecuados para lograrlos. Es preciso evitar los peligros de la arrogancia y la desmesura, la *hybris* griega. Por ello, la investigación y la aplicación de los conocimientos han de estar controladas y deben seguir criterios de precaución y prudencia. El planteamiento transhumanista desafía nuestra razón al exigirnos repensar cómo regular este desarrollo tecnológico y determinar hacia qué clase de humanidad futura queremos dirigirnos»[197].

Por su parte, Antonio Diéguez en su libro *Transhumanismo* se propone ofrecer un análisis crítico, pausado y filosóficamente fundamentado del movimiento transhumanista, al que describe como una propuesta intelectual y tecnocientífica que defiende la transformación profunda de la condición humana mediante la aplicación directa de tecnologías avanzadas[198]. Esta transformación se concibe de manera ambiciosa: no sería simplemente la eliminación de enfermedades o la mitigación de limitaciones biológicas, sino una superación radical de lo humano hacia una condición posthumana —más longeva, más inteligente, más resistente, y quizá desligada de la materialidad orgánica actual. El mérito inicial del libro radica en que no se limita a exponer ese ideario, sino que desarrolla las raíces filosóficas, las implicaciones éticas y políticas, y las tensiones que emergen al confrontar este proyecto con la comprensión contemporánea del ser humano.

Diéguez encuadra el transhumanismo como producto del contexto tecnocientífico y cultural contemporáneo, subrayando su institucionalización progresiva en universidades, centros de investigación y movimientos políticos. Tal caracterización cumple la función metodológica de desmontar cualquier percepción del transhumanismo como mera fantasía tecnófila: el autor quiere mostrarnos que se trata de un fenómeno intelectual influyente que merece ser discutido con seriedad.

En esta primera fase del libro, el análisis de Diéguez se estructura alrededor de la distinción entre dos grandes líneas transhumanistas: una vertiente cultural y otra tecnocientífica[199]. La primera se alimenta de imaginarios utópicos, promesas de expansión cognitiva y discursos sobre trascendencia técnica —desde Moravec hasta Kurzweil—, mientras que la segunda se articula en torno al desarrollo científico real de técnicas de biomejoramiento, fusión hombre-máquina, robótica, farmacología meliorativa e ingeniería genética. Esta descripción se sostiene con rigor documental y constituye uno de los aportes más sólidos del libro. El lector no solo comprende qué es el transhumanismo, sino por qué ha ganado notoriedad.

Según Diéguez, el motor fundamental de este movimiento es la idea de mejoramiento humano. Ya no se trata de curar ni de habilitar capacidades que existen en latencia biológica, sino de añadir cualidades nuevas mediante la manipulación permanente del organismo y de nuestras estructuras cognitivas. El gran salto, subraya el autor, es el paso del desarrollo natural al desarrollo completamente planificado de nuestra evolución, de un ser humano que se fabrica a sí mismo por medios tecnológicos[200].

Este planteamiento conduce inevitablemente a preguntas filosóficas profundas: ¿Quién decide qué es una «mejora»? ¿En qué criterios se basan esos juicios? ¿Cómo distinguir progreso de alteración destructiva? ¿Qué quedaría de específicamente humano en esa transición posthumana?

Diéguez adopta una actitud que él mismo presenta como ni tecnofóbica ni tecnofílica, sino crítica y casuística: cada intervención antropotécnica debe evaluarse individualmente, en función de sus riesgos, sus beneficios y su afinidad con la continuidad de la vida humana: «Es primordial —escribe— evitar el error común de realizar juicios generales y definitivos, de lanzar condenas o alabanzas globales, puesto que, además de no ser de demasiada utilidad, apenas convencerían más que a los del coro»[201]. El límite ético no puede ser definido por afirmaciones absolutas, sino por análisis prudenciales de consecuencias, bienestar y libertad. Esa postura se distancia tanto de visiones apocalípticas como del optimismo radical del núcleo transhumanista oxoniense.

No obstante, lectores atentos pueden señalar que esta posición exige necesariamente una referencia normativa acerca de la vida humana y su valor, sobre la cual Diéguez debe pronunciarse. Y ahí emerge el núcleo filosófico más complejo del libro: su rechazo explícito de la idea de naturaleza humana como anclaje ético. Según Diéguez, esta noción sería producto de una metafísica esencialista superada, incompatible con la visión evolutiva y con la variabilidad histórica que caracteriza a la especie[202]. En su lectura, defender una naturaleza humana universal y normativa equivaldría a sostener una entidad conceptual semejante a una idea platónica, desvinculada de la *physis* y más cercana a un unicornio que a una realidad científica.

Sin embargo, esta crítica no implica para él un vacío axiológico. Diéguez propone remplazar la apelación a la naturaleza humana por un fundamento ético y antropológico inspirado en la filosofía de José Ortega y Gasset, particularmente en su teoría de la técnica. Para Ortega, la técnica es reformulación de la naturaleza con el fin de satisfacer nuestras necesidades y llevar a cabo nuestro proyecto vital; gracias a la técnica, creamos una «sobrenaturaleza» que constituye nuestro entorno de vida auténticamente humano[203]. Esa idea permite al autor defender que la transformación técnica del ser humano no es contraria a la condición humana, sino parte de su mismo proceso histórico de autoconstrucción.

El problema filosófico adquiere así otro registro: si el ser humano se define por su capacidad de salir de la naturaleza y crear un entorno artificial que le permita realizarse, entonces las intervenciones transhumanistas pueden interpretarse como la prolongación de esa misma línea histórica. Desde este ángulo, no habría una esencia que preservar, sino una historia que continuar. Cuando Ortega afirma que «el hombre no tiene naturaleza, sino que tiene historia»[204], la lectura que Diéguez adopta señala que ninguna modificación técnica puede contradecir una esencia que no existe. Cualquier frontera que oponga lo humano y lo posthumano sería, entonces, contingente e histórica.

Esta interpretación, sin embargo, no está exenta de dificultades que el propio Diéguez reconoce implícitamente. Si todo lo humano es histórico y maleable, ¿con qué criterios establecer límites éticos? ¿Qué diferencia una mejora deseable de una alteración devastadora? Para responder a esto, el autor recurre nuevamente a Ortega: debemos orientar la técnica hacia la expansión de posibilidades que permitan proyectos vitales ricos y satisfactorios, evitando tanto el acomodamiento del «hombre-masa» como la anulación de la autonomía personal[205]. Esta apelación a la configuración de los deseos como núcleo ético resulta original y fecunda, pues permite discutir el transhumanismo en términos antropológicos sin recurrir a esencias.

El libro adquiere una relevancia especial cuando analiza los riesgos sociales del desarrollo transhumanista: desigualdad, eugenesia liberal, coerción biopolítica, deshumanización de vínculos, alteración de la identidad personal. Estos peligros no son para Diéguez un motivo para detener el desarrollo, sino un llamamiento a gobernarlo mediante decisiones informadas y democráticas. De hecho, el autor muestra con datos que el transhumanismo ya forma parte de agendas políticas reales, movimientos internacionales y proyectos institucionales[206]. La prudencia ética no puede mantenerse al margen de ese desarrollo.

La crítica más fuerte que puede dirigirse al enfoque del libro no se sitúa tanto en su análisis del transhumanismo como fenómeno, que es exhaustivo y solvente, sino en su fundamento antropológico. Aunque Diéguez rechaza la esencia humana como criterio normativo, su propio discurso contiene constantes alusiones a límites que nos mantengan reconociblemente humanos, al bienestar genuinamente humano y a la necesidad de evitar la disolución de lo humano como horizonte tecnológico. Es decir, las nociones de «humano» y de «condición humana» siguen funcionando como referentes axiológicos irrenunciables en su argumentación.

Desde un punto de vista lógico, puede sostenerse que esta apelación constante a lo humano como norma parece difícil de conciliar con la tesis de que «lo humano» carece de un núcleo definible. Pues si decir «humano» equivale simplemente a decir «lo que actualmente somos», entonces cualquier transformación futura redefiniría automáticamente el término, y ningún límite tendría validez moral permanente. En cambio, si existe alguna estructura mínima compartida que deseamos conservar —libertad, conciencia, vulnerabilidad, sociabilidad, identidad narrativa— entonces parece necesario reconocer una comprensión filosófica de la naturaleza humana, aunque esta sea dinámica y evolutiva.

No obstante esta contradicción, su obra consigue articular un punto de equilibrio muy valioso, pues reconoce la inevitabilidad del desarrollo tecnocientífico, reivindica la responsabilidad ética en su orientación y propone criterios reflexivos y no dogmáticos para evaluar cada innovación.

Así, *Transhumanismo* logra su objetivo más explícito: abrir un espacio de crítica racional frente a un fenómeno que suele monopolizarse desde posiciones polarizadas. El pensamiento de Diéguez invita a pensar la técnica desde dentro de la historia humana, no desde una esencia que nos encadena ni desde una fantasía que nos desarraiga. Y ese gesto filosófico, aunque no cierre definitivamente el debate, constituye quizá el aporte más relevante del libro.

En suma, la obra ofrece una presentación clara, precisa y bien documentada del transhumanismo y sus implicaciones. Aunque las soluciones normativas que propone puedan ser discutidas en su coherencia última, el planteamiento de Diéguez resulta imprescindible para situar la cuestión en términos que permitan avanzar la reflexión filosófica actual sobre lo humano y su porvenir. La tensión entre una humanidad que es historia y un horizonte que parece querer disolver esa historia caracteriza el escenario ético más desafiante del presente. En él, la prudencia crítica de Diéguez representa un ejercicio filosófico de primer orden.

El artículo «Bases filosóficas para una crítica al transhumanismo»[207] del profesor Alfredo Marcos plantea un contrapunto filosófico al libro *Transhumanismo* de Antonio Diéguez, centrado en la cuestión de los criterios normativos para evaluar las propuestas antropotécnicas contemporáneas. Una de las premisas fundamentales en Diéguez, con la que Marcos inicialmente concuerda, es que el debate sobre el transhumanismo no debe resolverse ni desde un rechazo tecnofóbico ni desde una aceptación tecnófila acrítica, sino desde un análisis caso por caso que permita discriminar qué intervenciones son aceptables y cuáles no para el ser humano. Sin embargo, el punto decisivo en la discrepancia entre ambos es el fundamento filosófico que debe orientar ese juicio: mientras Diéguez descarta la noción de naturaleza humana como referencia normativa y propone en su lugar apoyarse en la filosofía de Ortega y Gasset, Marcos rechaza ambas posiciones y reivindica una noción alternativa de naturaleza humana inspirada en Aristóteles.

El comentario de Marcos comienza delimitando el contexto doctrinal del transhumanismo, destacando su núcleo angloamericano asociado a pensadores como Bostrom, Savulescu y

More, así como su vertiente continental vinculada a Sloterdijk o Agamben. Esta aproximación permite mostrar que tanto la defensa tecnocientífica de la superación de lo humano como su negación existencialista del concepto de naturaleza humana pueden converger inesperadamente en un mismo programa antropotécnico: o bien la naturaleza humana se considera simplemente un producto evolutivo superable, o bien se la niega y se atribuye al hombre la tarea de auto-producirse indefinidamente. Desde esta identificación de un problema filosófico común, Marcos sitúa el punto neurálgico del debate: ¿podemos criticar o regular razonablemente el transhumanismo sin un concepto normativo de naturaleza humana?

El primer movimiento crítico de Marcos se dirige hacia Ortega y Gasset, cuya filosofía de la técnica es interpretada por Diéguez como una alternativa válida para evitar esencialismos y para fundamentar la selección prudente de antropotecnias. Sin embargo, Marcos sostiene que el análisis orteguiano del ser humano como un «centauro ontológico» constituye una antropología demasiado anti-naturalista para servir de guía normativa eficaz[208]. Su argumentación se basa en la lectura de *Meditación de la técnica*, donde Ortega sostiene que la técnica no prolonga, sino que reacciona contra la naturaleza, y donde la dimensión biológica aparece como un lastre del que el ser humano trata de emanciparse. La idea de que el hombre «no es su cuerpo» y que su esencia es un puro programa o proyecto en busca de realización permite a Marcos situar a Ortega en una línea existencialista cercana al dualismo: la porción natural del ser humano sería un dato ajeno a su auténtico ser, mientras que la técnica aparece como un mecanismo de huida de lo biológico.

A juicio de Marcos, esta interpretación lleva a consecuencias problemáticas: al disociar radicalmente la dimensión natural y la espiritual del ser humano, Ortega haría que cualquier límite biológico fuese contingente y disponible a la transformación técnica. De ahí que, paradójicamente, su perspectiva no proporcionaría freno alguno al sueño transhumanista de remodelar indefinidamente lo humano. Aunque Diéguez recurre a Ortega buscando criterios prudenciales sobre los riesgos sociales, sanitarios o identitarios de las antropotecnias, Marcos teme que su ontología del «animal a su pesar» termine allanando el camino a la superación de lo humano antes que a su protección. Se estaría así ante una incompatibilidad profunda entre el naturalismo de Diéguez y el anti-naturalismo de Ortega: para el primero, la biología define lo humano como especie evolutiva; para el segundo, la auténtica humanidad comienza allí donde dejamos atrás la vida biológica.

Tras esta crítica a la propuesta orteguiana, el artículo se vuelca en la defensa de la naturaleza humana como referencia normativa. Marcos analiza diversos argumentos con los que Diéguez rechaza dicha noción: el riesgo de bloquear avances biomédicos, los abusos históricos cometidos en nombre del «orden natural», y especialmente la objeción ontológica de que las especies —incluida la humana— no son esencias fijas sino poblaciones variables en el tiempo. Marcos concede validez parcial a estas críticas: la naturaleza humana no debe confundirse con el concepto biológico de especie, ni reducirse a un conjunto cerrado de rasgos genéticos, ni asumirse como una esencia platónica intemporal. Pero sostiene que la conclusión de Diéguez —negar toda existencia normativa a lo humano— es excesiva.

Para reforzar esta tesis, señala que incluso aquellos que explícitamente rechazan la noción de naturaleza humana acaban apelando implícitamente a lo humano como límite y criterio ético cuando discuten las posibilidades del transhumanismo. En el propio Diéguez aparecen reiteradas expresiones como «lo reconociblemente humano», «un proyecto de vida genuinamente humano» o «el bienestar humano» que denotan la referencia continua a un horizonte normativo compartido. Si no existiera alguna forma de naturaleza humana, esas apelaciones carecerían de sentido[209].

El núcleo positivo de la propuesta de Marcos consiste en recuperar una noción aristotélica de naturaleza humana. En esta tradición, la naturaleza no es un concepto universal abstracto sino una forma individual que estructura la realidad concreta de cada persona. De este modo, la naturaleza humana no es una esencia fija y ajena al desarrollo histórico, sino una unidad dinámica y encarnada en seres singulares, abierta tanto a la variación como a la articulación social y técnica. Frente al dualismo orteguiano, Marcos subraya que en Aristóteles lo biológico, lo social y lo espiritual se integran sin oposición: no hay un yo desencarnado que deba enfrentarse al cuerpo, sino un ser cuya racionalidad emerge y se realiza en continuidad con su animalidad[210]. Esta visión holística permitiría criticar selectivamente las antropotecnias: serían aceptables aquellas que favorezcan la salud, la identidad, la libertad o la armonía personal; serían rechazables aquellas que atenten contra esas mismas dimensiones.

A partir de este planteamiento, Marcos intenta mostrar que la falacia naturalista no impide derivar criterios normativos de una comprensión ontológica de lo humano: el ser y el bien están vinculados porque la realidad humana, en cuanto portadora de valor moral, exige ser respetada y cuidada. La ética de la responsabilidad de Hans Jonas es citada como sostén contemporáneo de esta posición, según la cual la preservación del ser humano como tal constituye un deber moral primario en una civilización tecnificada donde los medios pueden poner en peligro la propia continuidad del sujeto ético[211]. De ello se derivarían orientaciones normativas en múltiples planos: la salud frente al daño, la justicia frente a la desigualdad, la identidad frente a la disolución personal, la armonía frente a transformaciones unilaterales. Todo ello configura un marco de evaluación que no es meramente prudencial ni derivado del miedo, sino fundado en el reconocimiento de un bien humano objetivo.

El contraste filosófico entre las posiciones expuestas puede sintetizarse en tres ejes comparativos. En primer lugar, difieren en la concepción de la relación entre técnica y naturaleza: Ortega ve la técnica como emancipación respecto de límites biológicos, mientras Marcos reivindica una técnica que prolonga y perfecciona la naturaleza humana sin negarla. En segundo lugar, divergen en la ontología del ser humano: el autor de *Meditación de la técnica* se aproxima al existencialismo al concebir al hombre como puro proyecto, mientras que la lectura aristotélica defendida por Marcos integra biología, sociabilidad y racionalidad en una misma sustancia. En tercer lugar, difieren sobre el lugar del criterio ético: Diéguez teme que la naturaleza humana impida distinguir el bien del mal técnico en la singularidad de los casos, mientras Marcos cree que sin un concepto normativo de lo humano careceríamos precisamente de la pauta para ejercer ese discernimiento.

El mérito principal del artículo de Marcos, a nuestro juicio, reside en señalar que frente al transhumanismo no basta con adoptar una posición moderada y precavida: es necesario comprender qué está en juego en la auto trans-formación tecnológica del ser humano. Diéguez propone una prudencia basada en consecuencias previsibles y riesgos sociales, pero sin arraigo ontológico; Ortega aporta una teoría ambiciosa de la técnica como núcleo de lo humano, pero lo hace desde una antropología que parece negar todo arraigo natural de la identidad; Marcos, en cambio, sostiene que solo si aceptamos que existe algo así como una naturaleza humana —no platónica, sino orgánica e histórica— se podrá distinguir entre mejoras auténticas y modificaciones que, bajo la retórica del progreso, acaben erosionando aquello que nos constituye como humanos.

El texto de Alfredo Marcos se sitúa así dentro del debate contemporáneo sobre la ética del mejoramiento tecnológico, tratando de recuperar el legado de la filosofía clásica para hacer frente a un desafío que altera las fronteras mismas de la moralidad. Su defensa de la naturaleza humana no se presenta como un obstáculo al avance científico, sino como la condición de posibilidad para que dicho avance sea evaluable en términos de bien para el ser humano. La fuerza argumentativa del artículo reside en mostrar que la alternativa no es entre tecnofobia y transhumanismo maximalista, sino entre un uso reflexivo de la técnica que cuide la vida humana y un uso acrítico que borre aquello que le da sentido. En este marco, la aportación de Aristóteles no es una vuelta al pasado, sino una propuesta para mantener el vínculo entre razón, biología y comunidad en un tiempo donde ese vínculo parece estar en riesgo. Al aterrizar estos principios en el terreno de las intervenciones biotecnológicas, Marcos propone que deben ser aceptadas cuando curan, cuando restauran la capacidad de actuar, cuando respetan la identidad personal o cuando contribuyen al florecimiento integral; y rechazadas cuando convierten al ser humano en objeto de manipulación o cuando lo fragmentan en un híbrido sin referente normativo interno[212].

De este modo, el artículo concluye que un concepto aristotélico de naturaleza humana constituye un criterio indispensable para juzgar de manera ecuánime las antropotecnias contemporáneas, al permitir distinguir aquello que verdaderamente mejora al ser humano de aquello que, aun siendo técnicamente posible, podría socavar su dignidad o su sentido moral. Frente a la tentación de disolver lo humano en la plasticidad ilimitada del proyecto transhumanista, Marcos invita a reconocer la existencia de un suelo común que compartimos como miembros de la familia humana y que debe ser protegido para que el progreso no se vuelva contra la humanidad misma.

REFERENCIAS

1   José Ferrater Mora: Diccionario de Filosofía, Madrid, Alianza Editorial, 1980, Tomo II, pág. 402.
2   Santo Tomás de Aquino: Suma Teológica, I-II, proemio.
3   René Descartes: Meditaciones metafísicas, Meditación segunda, Madrid, Alianza Editorial, 2011, pág. pág. 14.
4   Gottfried Leibniz: Monadología. Principios de la naturaleza y de la gracia, trad. Manuel García Morente, Madrid, Universidad Complutense, 1974, pág. 14.
5   Thomas Hobbes: Leviatán. O la materia, forma y poder de una república eclesiástica y civil, trad. Antonio Escohotado, Barcelona, Planeta, 2018, pág. 261.
6   David Hume: Tratado sobre la naturaleza humana, trad. F. Duque, Madrid, Tecnos, 1988, pág. 35.
7   Immanuel Kant: Fundamentación para una metafísica de las costumbres, Madrid, Alianza Editorial, 2012, pág. 29.
8   Ibídem, pág. 97.
9   Max Scheler: El puesto del hombre en el cosmos, trad. José Gaos, Buenos Aires, Losada, 1943.
10 Arnold Gehlen: Anthropologische Forschung (Investigaciones antropológicas), Softcover Rowohlt Taschenbuch, 1961.
11 Martin Heidegger: Kant y los problemas de la metafísica, México, FCE, 1973, 2ª ed. págs. 175 y 181.
12 Claude Lévi-Strauss: El pensamiento salvaje, México, F.C.E., 1972, pág. 357.
13 Gabriel Marcel: El misterio del ser, en Obras selectas (I), Madrid, BAC, 2002, págs. 1-387.
14 Maurice Merleau-Ponty: Fenomenología de la percepción, París, NRF, Gallimard, 1945.
15 Emmanuel Mounier: Le Personalisme, col. «Que sais-je?», Presses universitaires de France, n.º 395, 1950.
16 Martin Buber: Yo y tú, trad. Carlos Díaz, Barcelona, Herder, 2017.
17 Jenofonte: Memorables, IV, 2, págs. 24-25.
18 Sófocles: Antígona, vv. 332-333.
19 San Agustín: Confesiones, n. 434, Libro X, c. 8, n. 15.

20 Blaise Pascal: Pensamientos, Barcelona, Orbis, 1985, pág. 147.
21 Gabriel Marcel: El misterio del ser, en Obras selectas (I), op. cit., pág. 188.
22 Immanuel Kant: Crítica de la razón pura, Sec. segunda, B 833, Alfaguara, Madrid 1968, 6 ª ed., pág. 630.
23 Gabriel Amengual: Antropología filosófica, Madrid, BAC, 2007, págs. 21-22.
24 E. Coreth: ¿Qué es el hombre? Esquema de una antropología filosófica, 6.ª edición, Barcelona, Herder, 1991, pág. 30.
25 Nick Bostrom: «Intensive Seminar on Transhumanism», Yale University, 26 de junio de 2003.
26 P. Singer, J. Harris, J. Sandel, A. Sandberg, J. Savulescu, N. Bostrom: J. Savulescu, N. Bostrom (eds.): Human Enhancement, Oxford, Oxford University Press, 2009.
27 Julian Huxley: New bottles for new wine, London, Chatto and Windus, 1957.
28 Paul Oskar Kristeller: El pensamiento renacentista y sus fuentes, México, Fondo de Cultura Económica, 1982, pág. 40.
29 Ibídem, págs. 50-51.
30 Nicholas Mann: The Origins of Humanism, Cambridge Univ. Press, 1996, págs. 1-2.
31 Paul Oskar Kristeller: El pensamiento renacentista y sus fuentes, op. cit., pág. 178.
32 Pico della Mirándola: Oratio de hominis dignitate, Universidad Autónoma de México, Ciudad de México, 2004, pág. 14.
33 Condorcet: Esquisse d'un tableau historique des progrès de l'esprit humain, (1793-1794), Paris, Librairie philosophique J. Vrin, 1970.
34 Alan M. Turing: «Computing machinery and intelligence», Parsing the Turing test: Philosophical and methodological issues in the quest for the thinking computer, Dordrecht, Springer Netherlands, 2007, págs. 23-65.
35 Antonio Diéguez: Transhumanismo: La búsqueda tecnológica del mejoramiento humano, Barcelona, Herder, 2017, pág. 23.
36 Francis Galton: Herencia y eugenesia, Alianza, Madrid, 1980, pág. 170.
37 Julian Huxley: Religión sin revelación, Buenos Aires, Editorial Sudamericana, 1967, pág. 103.
38 Friedrich Nietzsche: Así habló Zaratustra, Madrid, Cátedra, 2018, pág. 153.
39 Julian Huxley: Religión sin revelación, op. cit., 74.
40 Ibídem, 49-50.
41 Ídem: Nuevos odres para el vino nuevo, Editorial Hermes, México-Buenos Aires, 1959, pág. 13.
42 Ibidem, pág. 18.
43 Pierre Teilhard de Chardin: El porvenir del hombre, Taurus, Madrid, 1967, pág. 296.
44 Ibídem, pág. 336.
45 Ibídem, pág. 362.
46 Ibídem, pág. 379.
47 Ídem: El fenómeno humano, Taurus, Madrid, 1971, pág. 266.
48 Aldous Huxley: Las puertas de la percepción / Cielo e infierno, Debolsillo, México, 2019, pág. 9.

49   Fereidoun M. Esfandiary: Optimism One: The Emerging Radicalism, W.W. Norton & Company. Inc., New York, 1970, pág. 62.
50   Ibídem, pág. 129.
51   Ídem: Are you a transhuman?, Warner Books, New York, 1989, pág. II.
52   Ídem: Up-Wingers: A Futurist Manifesto, The John Day Company, New York, 1973, pág. 11.
53   Ibídem, pág. 144.
54   Ibídem, pág. 4.
55   Lydia Feito: «El Transhumanismo. El estado de la cuestión», Diálogo Filosófico, Vol. 103, 2019, pág. 9.
56   Antonio Diéguez: Transhumanismo. La búsqueda tecnológica del mejoramiento humano, Barcelona, Herder, 2017.
57   Dona Haraway: «A Cyborg Manifesto: Science, Technology, and Socialist-Feminism in the late 20th Century», en J. Weiss y J. Nolan (eds.): The International Handbook of Virtual Learning Environments, Springer, Netherlands, 2006, pág. 143.
58   https://www.humanityplus.org/the-transhumanist-declaration,   marzo   de 2009.
59   https://24transhumanismo.blogspot.com/2009/12/fm-2030.html
60   Max More: «Crioconservación: 'Congelo a las personas para engañar a la muerte'», BBC, 22 agosto 2014.
61   Fereidoun M. Esfandiary: Are You a Transhuman?: Monitoring and Stimulating Your Personal Rate of Growth in a Rapidly Changing World, Warner Books, 1989.
62   Ed Regis: Great Mambo Chicken and the Transhumanist Condition, Basic Books, 1991.
63   Max More: Transhumanismo. Hacia una filosofía futurista, 1990-1996, www.primenet.com/~maxmore
64   Michael J. Sandel: Contra la perfección. La ética en la era de la ingeniería genética, Barcelona, Marbot Ediciones, 2007.
65   Leon R. Kass: «Cuerpos sin edad, almas felices. La biotecnología y la búsqueda de la perfección», The New Atlantis, 2003, N.º 1, primavera de 2003.
66   Jürgen Habermas: El futuro de la naturaleza humana: ¿Hacia una eugenesia liberal?, Barcelona, Paidós, 2012.
67   Nick Bostrom: «Dignity and Enhancement», Oxford Future of Humanity Institute, 2007, pág. 7. Disponible en https://www.nickbostrom.com
68   Julian Savulescu: «Genetic Interventions and the Ethics of Enhancement of Human Beings», en B. Steinbock (ed.): The Oxford Handbook of Bioethics, Oxford Handbooks Online, 2009.
69   Mariano Asla: «Transhumanismo», en Claudia E. Vanney, Ignacio Silva y Juan F. Franck (eds.). Diccionario Interdisciplinar Austral, 2020, https://dia.austral.edu.ar/Transhumanismo
70   Laura Y. Cabrera: Rethinking Human Enhancement. Social Enhancement and Emergent Technologies, Palgrave McMillan 2015, pág. 64.
71   N. Bostrom y J. Savulescu (eds.): Human Enhancement, Oxford, Oxford University Press, 2008, págs. 1-22.

72 Nicholas Agar: Humanity's End. Why We Should Reject Radical Enhancement, The MIT Press, Cambridge-Massachusetts, 2010, págs.1-2.
73 VV. AA.: «Las preguntas frecuentes transhumanistas», Transhumanist FAQ Versión 3, https://transhumanist.ru/Transhumanist_FAQ
74 Mariano Asla: «Transhumanismo», art. cit.
75 Julian Savulescu: «Genetic Interventions and the Ethics of Enhancement of Human Beings», art. cit., pág. 7.
76 Nick Bostrom: «Transhumanist values», Journal of philosophical research, Supplement, 2005, Vol. 30, pág. 9.
77 Ídem: «Existential Risks: Analyzing Human Extinction Scenarios and Related Hazards», Journal of Evolution and Technology, Vol. 9 (2002). Disponible en http://jetpress.org/volume9/risks.html
78 Luc Ferry: La revolución transhumanista. Cómo la tecnomedicina y la uberización del mundo van a transformar nuestras vidas, Madrid, Alianza Editorial, 2017, pág. 37.
79 Jean Antoine Nicolas de Caritat Condorcet: Bosquejo de un cuadro histórico de los progresos del espíritu humano, Madrid, Editora Nacional, 1980.
80 Ray Kurzweil: La singularidad está más cerca: Cuando nos fusionamos con la IA, Barcelona, Deusto, 2025.
81 Allen E. Buchanan: Beyond Humanity?, Oxford, Oxford University Press, pág. 23.
82 Julian Savulescu: «Human-animal transgenesis and chimeras might be an expression of our humanity», The American Journal of Bioethics, 2003, Vol. 3, N.º 3, pág. 24.
83 Andrew Askland: «The Misnomer of Transhumanism as Directed Evolution», International Journal of Emerging Technologies & Society, 2011, Vol. 9, N.º 1, págs. 71-78.
84 Nick Bostrom.: «Human Genetic Enhancements: A Transhumanist Perspective», Journal of Value Inquiry, 2003, Vol. 37, N.º 4, págs. 493-506.
85 Marilynn Marchione: «Chinese researcher claims first gene-edited babies», AP News, 26 de noviembre de 2018.
86 Julian Savulescu y Peter Singer: «An ethical pathway to gene editing», 2019, Bioethics, Vol. 33, N.º 2, págs. 221-222.
87 Luigi Lombardi: «L'embrione e le vite diversamente importanti», en S. Rodotà: Questioni di biotetica, Bari, Laterza, 1997.
88 Leon R. Kass: «The Wisdom of Repugnance», The New Republic, Washington, DC: CanWest, 2 de junio de 1997, Vol. 216, N.º 22, págs. 17-26.
89 K. Eric Drexler: Nanosistemas: maquinaria molecular, fabricación y computación, Wiley Interscience, 1992.
90 Nick Bostrom: «Why I Want to be a Posthuman When I Grow Up», en B. Gordijn, y R. Chadwick: Medical Enhancement and Posthumanity, Oxford University, 2008, págs. 107-137.
91 Aubrey De Grey y Michael Rae: Ending Aging: The Rejuvenation Breakthroughs That Could Reverse Human Aging in Our Lifetime, New York, St. Martin's Griffin, 2008.
92 Ibídem.

93 Gerontology Research Group (GRG), http://www.grg.org/aboutGRG.html

94 Ángel Gómez: «El secreto de la longevidad está en el Cilento», ABC, 6 de septiembre de 2016, «http://www.abc.es/sociedad/abci-secreto-longevidad-estacilento-201609062121_noticia.html».

95 Dan Buettner: The Blue Zones: Lessons for Living Longer from the People Who've Lived the Longest, National Geographic Books, 2009.

96 Natalia Martín: «¿Cómo llegar a ser una mujer centenaria?», en El País, 28 de enero de 2013, http://smoda.elpais.com/articulos/como-llegar-a-ser-una-mujer-centenaria/2981

97 Bradley J. Willcox et al.: «FOXO3A genotype is strongly associated with human longevity». Proceedings of The National Academy of Sciences of the United States of America, 16 de septiembre de 2008, Vol. 105, N.º 37, págs. 13987-13992.

98 VV. AA.: «Declining NAD+ Induces a Pseudohypoxic State Disrupting Nuclear-Mitochondrial Communication during Aging», Cell, 19 de diciembre de 2013, Vol. 155, N.º 7, págs. 1624-1638.

99 James Oeppen y James W. Vaupel: «Broken Limits to Life Expectancy», Science, Washington, D.C., American Association for the Advancement of Science, 10 de mayo de 2002, Vol. 296, N.º 5570, págs. 1029–1031.

100 Jack Graham Ruby et al.: «Estimates of the Heritability of Human Longevity Are Substantially Inflated due to Assortative Mating», Genetics, 1 de noviembre de 2018, Vol. 210, N.º 3, págs. 1109-1124.

101 Joris Deelen, Daniel S. Evans, Dan E. Arking, Niccolò Tesi, Marianne Nygaard, Xiaomin Liu, Mary K.; Biggs Wojczynski, Mary L. et al.: «A meta-analysis of genome-wide association studies identifies multiple longevity genes», Nature Communications, 14 de agosto de 2019, Vol. 10 (1), págs. 1-14.

102 Alejandro Ocampo et al: «In vivo amelioration of age-associated hallmarks by partial reprogramming», Cell, 2016, Vol. 167, n.º 7, págs.: 1719-1733.

103 Xiao Dong, Brandon Milholland, and Jan Vijg: «Evidence for a limit to human lifespan», Nature, 2016 Vol. 538, n.º 7624, págs. 257-259.

104 Nick Bostrom: «The Fable of the Dragon-Tyrant», Journal of Medical Ethics, 2005, Vol. 31, N.º 5, págs. 273-277.

105 Óscar Monje: «Aspectos jurídico-científicos de la criónica en seres humanos: el derecho a vivir después de la muerte (la brecha entre la vida y la muerte se reduce...)», Revista de Derecho, Empresa y Sociedad (REDS), núm. 13, 2018, pág. 370.

106 Fahy GM, Wowk B, Wu J, et al.: «Cryopreservation of organs by vitrification: perspectives and recent advances», Cryobiology, abril de 2004, Vol. 48, N.º 2, págs. 157–78.

107 Kenneth V. Iserson: Death To Dust: What Happens To Dead Bodies?, Capítulo 7: «Souls On Ice», Galen Press, Ltd., Tucson, AZ, 1994, págs. 287-306.

108 Ole Martin Moen: «The case for cryonics», Journal of Medical Ethics, Agosto de 2015, Vol. 41, N.º 8, págs. 677-681.

109 Robert L. Steinbeck: «Mainstream science is frosty over keeping the dead on ice», Chicago Tribune, 29 de septiembre de 2002.

110 Laurie Clarke: «Why the sci-fi dream of cryonics never died», MIT Technology Review, 14 de octubre de 2022.

111 Alex Luhn: «'Insurance' against death: Russian cryonics firm plans Swiss lab for people in pursuit of eternal life», Daily Telegraph, 11 de noviembre de 2017.

112 Ole Martin Moen: «The case for cryonics», art. cit.

113 Kevin Miller: «Cryonics redux: is vitrification a viable alternative to immortality as a popsicle?», Skeptic Magazine, (Altadena, CA), 2004, Vol. 11, N.º 1, págs. 24-26.

114 Michael Hendricks: «Inside the weird world of cryonics», Financial Times, 18 de diciembre de 2015.

115 Simon Dein: «Cryonics: Science or religion», Journal of religion and health, 2022, Vol. 61, N.º 4, págs. 3164-3176.

116 Kurt Butler: A Consumer's Guide to "Alternative" Medicine, Prometheus Books, 1992, pág. 173.

117 Dayong Gao: «Frozen body: Can we return from the dead?», BBC News, 15 de agosto de 2013.

118 Ole Martin Moen: «The case for cryonics», art. cit.

119 David Shaw: «Cryoethics: seeking life after death», Bioethics, 2009, vol. 23, N.º 9, págs. 515-521.

120 José Luis Cordeiro y David Wood: La muerte de la muerte. La posibilidad científica de la inmortalidad física y su defensa moral, Barcelona, Deusto, 2018.

121 Ibídem, pág. 25.

122 Ibídem, pág. 107.

123 Ibídem, pág. 23.

124 Ibídem, pág. 14.

125 Ibídem, pág. 206 y ss.

126 Ibídem, pág. 19.

127 John Harris: «Enhancements are a Moral Obligation», en Human Enhancement, Julian Savulescu y Nick Bostrom (eds.), Oxford, Oxford University Press, 2009.

128 Marta Farah: «The unknowns of cognitive enhancement», Science, 2015, Vol. 350, págs. 379-380.

129 Alena Buix: «Smart Drugs: Ethical Issues», en Handbook of Neuroethics, 2015, Jens Clausen y Neil Levy (eds.), págs. 1191-1206.

130 Vince Cakic: «Smart drugs for cognitive enhancement: ethical and pragmatic considerations in the era of cosmetic neurology», Journal of medical ethics, 2009, Vol. 35, N.º 10, págs. 611-615.

131 Lauren E. Mancuso et al.: «Does transcranial direct current stimulation improve healthy working memory? A meta-analytic review», Journal of Cognitive Neuroscience, 2016, Vol. 28, N.º 8, págs. 1063-1089.

132 Jessamy Norton-Ford Almquist et al.: «FAST: a novel, executive function-based approach to cognitive enhancement», Frontiers in human neuroscience, 2019, Vol. 13, pág. 235.

133 Roi Cohen Kadosh: «The promise and problems of cognitive enhancement devices», Conference at Oxford Martin School, 26 de febrero de 2016.

134 Ingmar Persson y Julian Savulescu: «The perils of cognitive enhancement and the urgent imperative to enhance the moral character of humanity», Journal of Applied Philosophy, 2008, Vol. 25, N.º 3, págs. 162-177.

135 Alan Turing: «Computing Machinery and Intelligence (1950)», Mind, 2021, Vol. 59, N.º 236, págs. 33-60.

136 J. McCarthy, M.L. Minsky, N. Rochester y C.E. Shannon: «A proposal for the dartmouth summer research project on artificial intelligence», 31 de agosto de 1955, AI magazine, 2006, Vol. 27, N.º 4, pág. 12.

137 Allen Newell y Herbert A. Simon: «Computer science as empirical inquiry: Symbols and search», Communications of the ACM, 1976, Vol. 19, N.º 3, págs. 113-126.

138 John Haugeland: La inteligencia artificial, Madrid, Siglo XXI, 2001.

139 Avron Barr, Edward A. Feigenbaum y Paul R. Cohen (eds.): The handbook of artificial intelligence, HeurisTech Press, 1981.

140 Hubert Dreyfus: What Computers Can't Do, New York, MIT Press, 1972.

141 Leslie G Valiant: «Knowledge Infusion: In Pursuit of Robustness in Artificial Intelligence», Foundations of Software Technology and Theoretical Computer Science (Bangalore), Conferencia, enero de 2008.

142 Tarek R. Besold et al.: «Reasoning in non-probabilistic uncertainty: Logic programming and neural-symbolic computing as examples», Minds and Machines, 2017, Vol. 27, N.º 1, págs. 37-77.

143 Warren S. McCulloch y Walter Pitts: «A logical calculus of the ideas immanent in nervous activity. The bulletin of mathematical biophysics», 1943, Vol. 5, N.º 4, págs. 115-133.

144 Frank Rosenblatt: «The perceptron: a probabilistic model for information storage and organization in the brain», Psychological review, 1958, Vol. 65, N.º 6, pág. 386.

145 David E. Rumelhart, Geoffrey E. Hinton y Ronald J. Williams: «Learning representations by back-propagating errors», Nature, 1986, Vol. 323, N.º 6088, págs. 533-536.

146 Yann Lecun, Yoshua Bengio y Geoffrey Hinton: «Deep learning», Nature, 2015, Vol. 521, N.º 7553, págs. 436-444.

147 Ashish Vaswani et al: «Attention is all you need», Advances in neural information processing systems, 2017, vol. 30, N.º 1, págs. 5998-6008.

148 Alec Radford et al.: «Improving language understanding by generative pre-training», 2018.

149 Jacob Devlin et al.: «Bert: Pre-training of deep bidirectional transformers for language understanding», Proceedings of the 2019 conference of the North American chapter of the association for computational linguistics: human language technologies, Vol. 1, 2019, págs. 4171-4186.

150 Emily M. Bender et al.: «On the dangers of stochastic parrots: Can language models be too big?», Proceedings of the 2021 ACM conference on fairness, accountability, and transparency, 2021, págs. 610-623.

151 Volodymyr Mhih et al.: «Human-level control through deep reinforcement learning», Nature, 2015, Vol. 518, N.º 7540, pág. 529-533.

152 Zachary Lipton et al.: «Detecting and correcting for label shift with black box predictors», International conference on machine learning, PMLR, 2018, págs. 3122-3130.

153 Alan M. Turing: ¿Puede pensar una máquina?, Manuel Garrido (trad.), KRK Ediciones, 2012.
154 Ibidem, pág. 16.
155 K.R. Popper y J.C. Eccles: El yo y su cerebro, Barcelona, Labor, 1980, pág. 232.
156 Martin Greenberger: Computers and the world of the future, The MIT Press, 1962, pág. 122.
157 Joseph Weizenbaum: La frontera entre el ordenador y la mente, Madrid, Pirámide, 1978, pág. 169.
158 Marvin Minsky: «¿Serán los robots quienes heredarán la Tierra?», Investigación y Ciencia, octubre de 1994, págs. 90- 91.
159 Ídem: «Ordenadores: un futuro ilimitado», Algo, 2000, pág. 9.
160 Roger Penrose: La nueva mente del emperador. En torno a la cibernética, la mente y las leyes de la física, Oxford University Press, 1989.
161 Vasil Teigens, Peter Skalfist y Daniel Mikelsten: Inteligencia artificial: la cuarta revolución industrial, New York, Jenny Stanford Publishing, 2022.
162 John Searle: Mentes, cerebros y ciencia, Madrid, Cátedra, 1985, págs. 33-49.
163 Hubert L. Dreyfus: «Alchemy and artificial intelligence», 1965, www.rand.org/pubs/papers/P3244.html
164 Marvin Minsky: «Ordenadores: un futuro ilimitado», art. cit., pág. 12.
165 Ibídem, pág. 11.
166 Luis María Gonzalo: «El ordenador nunca podrá reflexionar», Pamplona, Nuestro Tiempo, 1985, Vol. 372, junio de 1985, pág. 112.
167 Evandro Agazzi: «Le mental et le corporel», en VV.AA.: Intentionality and Artificial Intelligence, Simposio de la Academia Internacional de Filosofía de las Ciencias de Bruselas, Office International de Librairie, Bruxelles, 1982, págs. 195-227.
168 Kevin Warwick: I Cyborg, Urbana, University of Illinois Press, 2004.
169 Ídem: «The cyborg revolution», Nanoethics, 2014, Vol. 8, págs. 267.
170 Ibídem, pág. 264.
171 Ídem: «What is like to be a Cyborg?» TED talk, Praga, 2 de abril de 2018.
172 Norbert Wiener: Cybernetics: or Control and Communication in the Animal and the Machine, MIT Press, 1948.
173 Ibídem.
174 James Clerk Maxwell: «On Governors», Proceedings of the Royal Society of London, 1868, Vol. 16, págs. 270-283.
175 Norbert Wiener: The Human Use of Human Beings: Cybernetics and Society, Grand Central Publishing, New York, 1988.
176 Claude E. Shannon: «A Mathematical Theory of Communication», Bell System Technical Journal, 1948, Vol. 27, N.º 3, págs. 379-423.
177 Gregory Bateson: Steps to an Ecology of Mind. Collected Essays in Anthropology, Psychiatry, Evolution, and Epistemology, University of Chicago Press, 1972.
178 Stafford Beer: Brain of the Firm, Wiley, New Jersey, 1995.
179 Norbert Wiener: The human use of human beings: Cybernetics and society, op. cit.
180 Stafford Beer: The Heart of Enterprise, Wiley, New Jersey, 1979.

181 Ray Kurzweil: Cómo crear una mente: El secreto del pensamiento humano, Málaga, Lola Books, 2015.
182 Ibídem, pág. 150.
183 Ibídem, págs. 258-159.
184 Ibídem, págs. 235-237.
185 Ibídem, págs. 76-77.
186 Ibídem, pág. 149.
187 Karel Čapek: R. U. R. (ROBOTS UNIVERSALES ROSSUM): Drama colectivo con una comedia introductoria y tres actos, Barcelona, Círculo de Lectores, 2004.
188 Hans Moravec: Mind Children, Harvard University Press, 1988; trad.: El hombre mecánico: El futuro de la robótica y la inteligencia humana, Barcelona, Salvat, 1993.
189 Ibídem, pág. 8.
190 Ibídem, pág. 16.
191 Ibídem, págs. 8-9.
192 Ibídem, pág. 139.
193 Lydia Feito: «Transhumanismo. Estado de la cuestión», Diálogo Filosófico, n.º 103, 2019.
194 Ibídem, pág. 4.
195 Ibídem, pág. 16.
196 Ibídem, págs. 12-13.
197 Antonio Diéguez: Transhumanismo, op. cit., pág. 25.
198 Ibídem, pág. 22.
199 Ibídem, pág. 26.
200 Ibídem, pág. 138.
201 Ibídem, pág. 124.
202 Ibídem, pág. 116.
203 Ibídem, pág. 109.
204 José Ortega y Gasset: Historia como sistema, Madrid, Biblioteca Nueva, 2007, pág. 48.
205 Antonio Diéguez: Transhumanismo, op. cit., pág. 116.
206 Ibidem, pág. 205.
207 Alfredo Marcos: «Bases filosóficas para una crítica al transhumanismo», Trépanos-Revista Cultural, 24 de enero de 2024.
208 Ibídem, pág. 5.
209 Ibídem, págs. 8-9.
210 Ibídem, pág. 9.
211 Ibídem, pág. 10.
212 Ibídem, pág. 10.

Bibliografía esencial

Arana, Juan (ed.): *El futuro de la identidad humana a debate. Protagonistas de la polémica sobre el transhumanismo*, Madrid, Tecnos, 2024.

Asla, Mariano: «Transhumanismo», en Claudia E. Vanney, Ignacio Silva y Juan F. Franck (eds.): *Diccionario Interdisciplinar Austral*, https://dia.austral.edu.ar/Transhumanismo

Beorlegui, Carlos: *Humanos: Entre lo prehumano y lo pos- o transhumano*, UPCO, Madrid, 2021.

Bertolaso, Marta y Marcos, Alfredo: *Inteligencia artificial y humanismo tecnológico*, Digital Reasons, Madrid, 2024.

Bostrom, Nick: *Superintelligence: Paths, Dangers, Strategies*, Oxford, Oxford Univ. Press, 2014.

Bostrom, Nick: «Existential Risks: Analyzing Human Extinction Scenarios and Related Hazards», *Journal of Evolution and Technology*, Vol. 9, marzo de 2002, págs. 1-37.

Bostrom, Nick: «The Fable of the Dragon-Tyrant», *Journal of Medical Ethics*, 2005, Vol. 31, N.º 5, págs. 273-277.

Bostrom, Nick: «Transhumanist values», *Journal of Philosophical Research*, Supplement, 2005, Vol. 30, págs. 3-14.

Bostrom, Nick *et al.*: «The transhumanist FAQ. A general introduction», Version 2.1, World Transhumanist Association, 2003, vol. 5.

Cordeiro, José Luis y Wood, David: *La muerte de la muerte. La posibilidad científica de la inmortalidad física y su defensa moral*, Barcelona, Deusto, 2018.

Cortina, Albert: *¡Despertad! Transhumanismo y nuevo orden mundial*, Eunsa, Pamplona, 2021.

De Grey, Aubrey y Rae, Michael: *Ending Aging: The Rejuvenation Breakthroughs That Could Reverse Human Aging in Our Lifetime*, New York, St. Martin's Griffin, 2008.

Dehaene, Stanislas: *How we learn: The new science of education and the brain*, Penguin UK, 2020.

Diéguez, Antonio: *Transhumanismo: La búsqueda tecnológica del mejoramiento humano*, Barcelona, Herder, 2017.

Diéguez, Antonio: *Cuerpos inadecuados: El desafío transhumanista a la filosofía*, Barcelona, Herder, 2021.

Dong, Xiao; Milholland, Brandon y Vijg, Jan: «Evidence for a limit to human lifespan», *Nature*, 2016, Vol. 538, n.º 7624, págs. 257-259.

Feito, Lydia: «Transhumanismo. Estado de la cuestión», *Diálogo Filosófico*, n.º 103, 2019.

Ferry, Luc: *La revolución transhumanista. Cómo la tecnomedicina y la uberización del mundo van a transformar nuestras vidas*, Madrid, Alianza Editorial, 2017.

Fukuyama, Francis: *Our posthuman future: Consequences of the biotechnology revolution*, Macmillan, 2003.

Haugeland, John: *La inteligencia artificial*, Madrid, Siglo XXI, 2001.

Kurzweil, Ray: *Cómo crear una mente: El secreto del pensamiento humano*, Málaga, Lola Books, 2015.

Kurzweil, Ray: *La singularidad está más cerca: Cuando nos fusionamos con la IA*, Barcelona, Deusto, 2025.

Lara, Francisco y Savulescu, Julian (eds.): *Más (que) humanos: Biotecnología, inteligencia artificial y ética de la mejora*, Tecnos, Madrid, 2021.

Lumbreras, Sara: *Respuestas al transhumanismo: cuerpo, autenticidad y sentido*, Digital Reasons, Madrid, 2019.

Marcos, Alfredo: «Bases filosóficas para una crítica al transhumanismo», *Trépanos-Revista Cultural*, 24 de enero de 2024.

Marcos, Alfredo: «Transhumanismo y cultura. Una hermenéutica para el cíborg», *Anuario de AC/E de Cultura Digital*, 2024, págs. 10-27.

Marcos, Alfredo y Pérez, Moisés: «Caverna 2.0. Las raíces dualistas del transhumanismo», *Scientia et Fides*, 2019, Vol. 7, N.º 2: págs. 23-40.

Marcos, Alfredo y Pérez, Moisés: *Meditación de la naturaleza humana*, Madrid, BAC, 2018.

Mejía, Ricardo: *Transhumanismo integral: En torno al deseo de vivir para siempre*, Madrid, Ediciones Encuentro, 2025.

Minsky, Marvin: «¿Serán los robots quienes heredarán la Tierra?», *Investigación y Ciencia*, octubre de 1994, N.º 219, págs. 86-92.

Moen, Ole Martin: «The case for cryonics», *Journal of Medical Ethics*, agosto de 2015, Vol. 41, N.º 8, págs. 677-681.

Monterde, Rafael: *El ocaso de la humanidad: La Singularidad tecnológica como fin de la historia*, tesis doctoral, UCV, Valencia, 2021.

Moravec, Hans: *Mind Children*, Harvard University Press, 1988; trad.: *El hombre mecánico: El futuro de la robótica y la inteligencia humana*, Barcelona, Salvat, 1993.

More, Max: *Transhumanism: Towards a futurist philosophy*, Extropy, 1990, Vol. 6, N.º 6, pág. 11.

More, Max; Vita-More, Natasha (eds.): *The transhumanist reader: Classical and contemporary essays on the science, technology, and philosophy of the human future*, John Wiley & Sons, 2013.

Paladino, María Soledad: «Transhumanismo», en Fernández Labastida, Francisco y Mercado, Juan Andrés (eds.), *Philosophica*, www.philosophica.info/archivo/2021/voces/transhumanismo/Transhumanismo.html

Penrose, Roger: *La nueva mente del emperador. En torno a la cibernética, la mente y las leyes de la física*, Oxford University Press, 1989.

Postigo Solana, Elena: «Transhumanismo, mejoramiento humano y desafíos bioéticos de las tecnologías emergentes para el siglo XXI», *Cuadernos de Bioética*, 2021, Vol. 32, N.º 105, págs.133–139.

Savulescu, Julian y Bostrom, Nick (eds.): *Human Enhancement*, Oxford, Oxford University Press, 2009.

Searle, John: *Mentes, cerebros y ciencia*, Madrid, Cátedra, 1985.

Sloterdijk, Peter: *Reglas para el parque humano: Una respuesta a la Carta sobre el humanismo de Heidegger*, Madrid, Siruela, 2000.

Turing, Alan M.: *¿Puede pensar una máquina?*, Manuel Garrido (trad.), Oviedo, KRK Ediciones, 2012.

Warwick, Kevin: *I Cyborg*, Urbana, University of Illinois Press, 2004.